彩图 1　假冒复合肥料
（缓释长效锌动力）

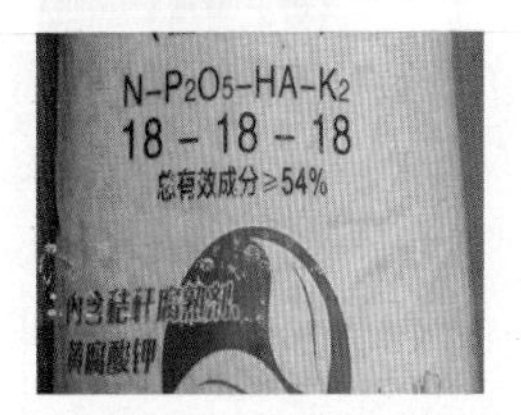

彩图 2　假冒复合肥料
（螯合三铵）

彩图 3　假冒复合肥料
（硝硫基三铵）

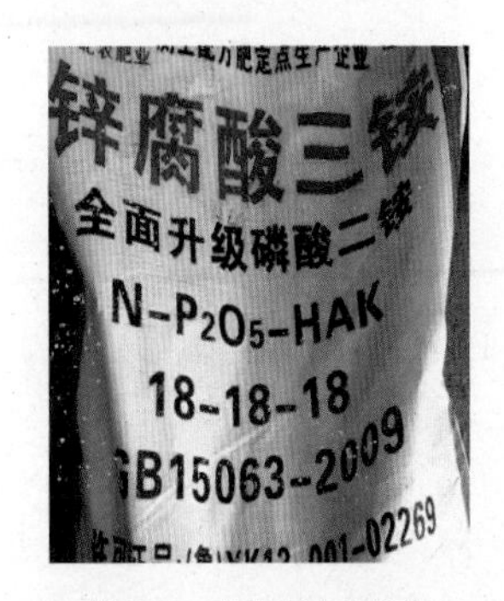

彩图 4　假冒复合肥料
（锌腐酸三铵）

彩图 5　假冒复合肥料
（金品三铵）

彩图 6　假冒复混肥料

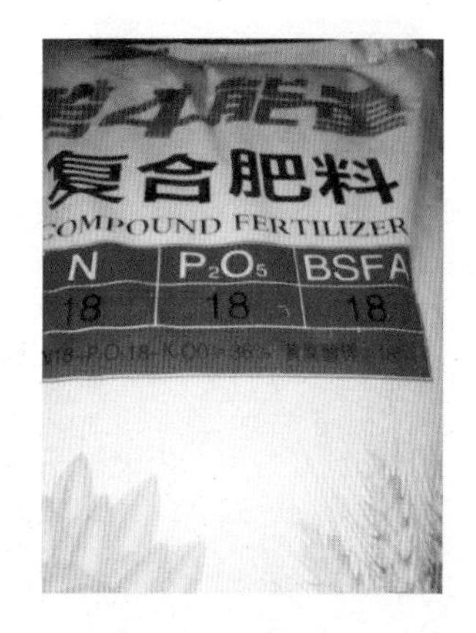

彩图7　假冒复合肥料（第4能量）

彩图8　假冒复合肥料（金铵60）

彩图9　苹果树放射状沟施肥法

彩图10　苹果树行间深沟施肥法

彩图11　苹果树穴状施肥法

彩图12　苹果树打眼施肥法

彩图 13　苹果树灌水施肥法

彩图 14　苹果树根外施肥法

彩图 15　苹果树缺钙果实

彩图 16　苹果树小叶病（缺锌）

彩图 17　苹果树水肥一体化技术

彩图 18　苹果园生草栽培技术

彩图 19　草木樨

彩图 20　白三叶

彩图 21　黑麦草

彩图 22　苜蓿

彩图 23　毛叶苕子

彩图 24　苹果园生草种植油菜

果蔬科学施肥技术丛书

苹果科学施肥

主　编　宋志伟　杨净云
副主编　王公卿　李忠峰
参　编　张兆欣　李　平

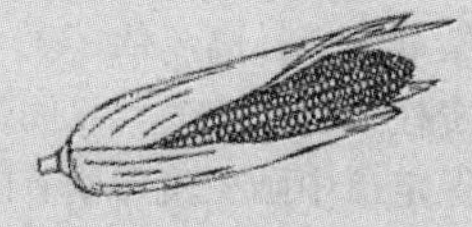

机械工业出版社

本书介绍了苹果树所需的营养元素及需肥规律、苹果树常用肥料、苹果树合理施肥等基本知识，重点介绍了苹果树的测土配方施肥技术、营养诊断施肥技术、营养套餐施肥技术、水肥一体化技术、有机肥料替代化肥新技术等科学施肥技术及应用，并对生产无公害、绿色、有机苹果的施肥要求及我国苹果主产区科学施肥技术的应用进行了介绍。书中设有“温馨提示”“施用歌谣”“身边案例”等栏目，以方便读者理解。

本书内容针对性强、实用价值高、可操作性强，适合广大果农、各级农业技术推广部门及肥料生产企业的技术人员使用，也可供土壤肥料科研教学部门的科技人员、肥料经销人员参考。

图书在版编目（CIP）数据

苹果科学施肥/宋志伟，杨净云主编. —北京：机械工业出版社，2020. 4

（果蔬科学施肥技术丛书）

ISBN 978-7-111-64635-8

Ⅰ. ①苹…　Ⅱ. ①宋…②杨…　Ⅲ. ①苹果-施肥　Ⅳ. ①S661. 106

中国版本图书馆 CIP 数据核字（2020）第 021541 号

机械工业出版社（北京市百万庄大街 22 号　邮政编码 100037）

策划编辑：高　伟　　责任编辑：高　伟　陈　洁

责任校对：宋逍兰　闫玥红　　责任印制：孙　炜

保定市中画美凯印刷有限公司印刷

2020 年 3 月第 1 版第 1 次印刷

145mm×210mm · 6. 25 印张 · 2 插页 · 213 千字

0001—3000 册

标准书号：ISBN 978-7-111-64635-8

定价：29. 80 元

电话服务　　网络服务

客服电话：010-88361066　　机　工　官　网：www. cmpbook. com

010-88379833　　机　工　官　博：weibo. com/cmp1952

010-68326294　　金　书　网：www. golden-book. com

封底无防伪标均为盗版　　机工教育服务网：www. cmpedu. com

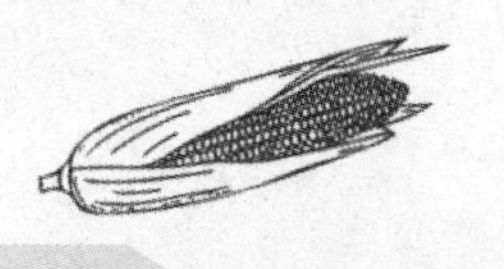

前言

苹果是我国落叶果树的主要栽培树种之一，属于蔷薇科仁果类，在果品生产中占据主要地位。苹果在我国广泛分布于环渤海地区、黄河故道、秦岭北麓、西北黄土高原、西南高原及太行山区。按省份划分，我国有24个省（直辖市、自治区）生产苹果，但主要集中在陕西、山东、河北、甘肃、河南、山西、辽宁、新疆等地，占全国总产量的90%以上。目前，我国苹果种植面积约250万公顷，总产量近4000万吨，均居世界首位。

肥料是苹果生产的物质保障，肥料供给得充足与否直接影响苹果的产量、质量和生产效益的高低。在实际生产中，主要存在着如下问题：不结果不施肥，结果之后乱施肥，盲目性极大；果园有机肥投入不足；非石灰性土壤产区果园土壤酸化加重趋势明显，石灰性土壤产区果园微量元素缺乏问题普遍；集约化果园氮磷肥用量普遍偏高，中、微量元素养分投入不足，生理性病害发生严重；忽视秋季施肥，春、夏两季施肥偏多等。因此，普及苹果科学施肥知识很有必要。科学施肥，不仅能源源不断地提供和补充苹果生产所需的营养，而且可调节各营养元素间的平衡，使各种营养元素的作用最大化，保证苹果生产高产、稳产、优质、低耗和减少环境污染，满足《到2020年化肥使用量零增长行动方案》对节本增效、节能减排的要求，对保障国家农产品质量安全和农业生态安全具有十分重要的意义。正是在此背景下，我们组织有关科技人员编写了本书，旨在把苹果科学施肥知识传授给果农，改变苹果传统施肥观念，掌握苹果科学施肥新技术，并自觉地运用于苹果生产中。

本书在介绍苹果树所需的营养元素及需肥规律、苹果树常用肥料、苹果树合理施肥等基本知识的基础上，重点介绍了苹果树的测土配方施肥技术、营养诊断施肥技术、营养套餐施肥技术、水肥一体化技术、有机肥料替代化肥新技术等科学施肥技术及应用，并介绍了无公害苹果、绿色苹果、有机苹果的施肥

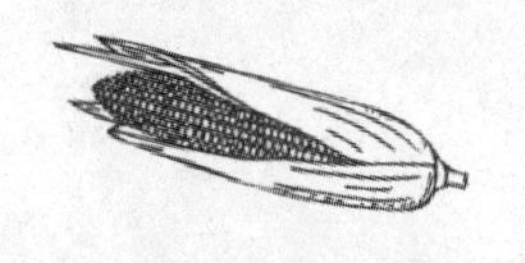

要求，同时对我国苹果主产区的科学施肥技术进行了介绍。书中设置了“温馨提示”“施肥歌谣”“身边案例”等栏目，针对性、科学性、实用性、操作性强，方便读者理解。

需要特别说明的是，本书中介绍的肥料及其使用量仅供读者参考，不可照搬。在实际生产中，所用肥料学名、常用名与实际商品名称有差异，肥料用量也有所不同，建议读者在使用每一种肥料之前，参阅厂家提供的产品说明以确认肥料用量、使用方法、使用时间及禁忌等。

在本书编写过程中，得到河南农业职业学院、云南农业职业技术学院、河南省农业广播电视学校、河南省中牟县农业农村工作委员会、河南省濮阳市林业科学研究所等单位领导和有关人员的大力支持，在此表示感谢；同时向文中参考许多文献的原作者表示谢意。

由于编者水平有限，书中难免存在疏漏和错误之处，敬请专家、同行和广大读者批评指正。

编　者

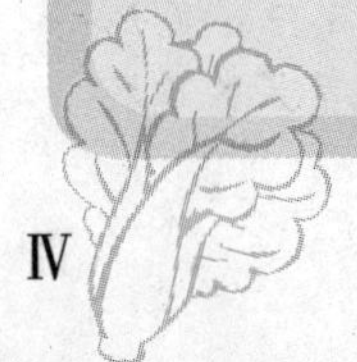

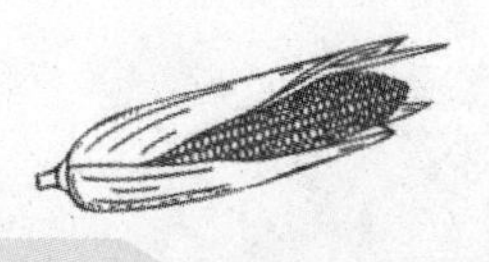

目录

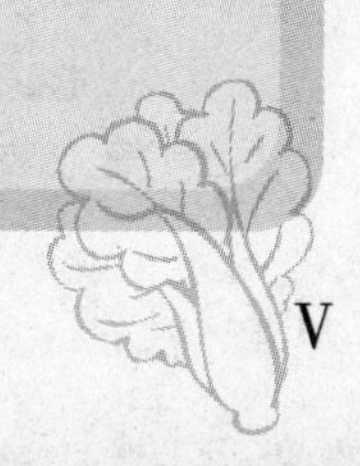

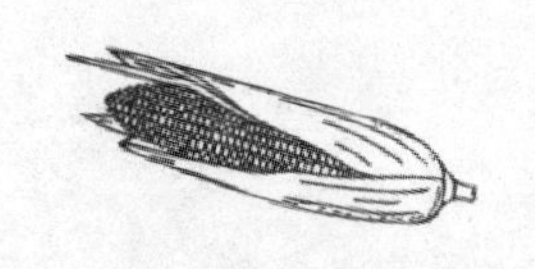

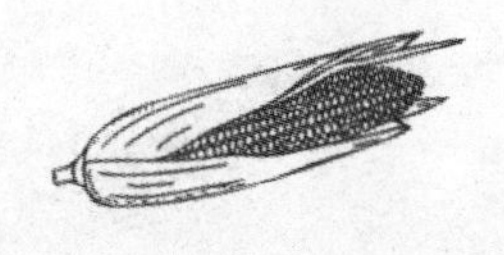

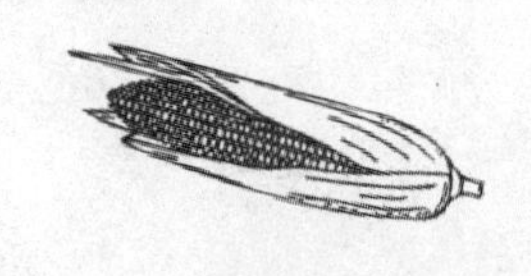

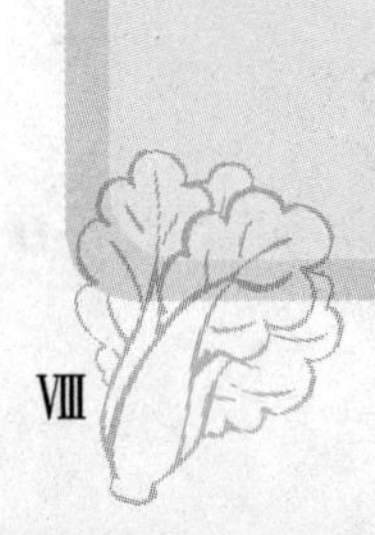

第一章

苹果树所需的营养元素及需肥规律

苹果树是多年生木本植物，不仅存在着苹果生育周期的需肥规律，还存在着年生育周期的需肥规律，甚至不同砧穗也有不同的需肥规律，因此与大田作物和蔬菜的需肥特点有很大差别。

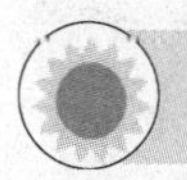

第一节 苹果树生长发育所需的营养元素

营养元素被苹果树吸收进入体内后，还需要经过一系列的转化和运输过程才能被利用，并且不是每种营养元素对苹果树生长都是必需的。因此，要做到科学施肥，就必须清楚苹果树所需的各种营养元素及其在树体中的作用，这样才能做到有的放矢，达到预期效果。

一、苹果树生长发育所需营养元素的种类

到目前为止，已经确定苹果树生长发育所必需的营养元素有 16 种，即碳（C）、氢（H）、氧（O）、氮（N）、磷（P）、钾（K）、钙（Ca）、镁（Mg）、硫（S）、铁（Fe）、锰（Mn）、锌（Zn）、铜（Cu）、钼（Mo）、硼（B）、氯（Cl）。苹果树对上述营养元素的需要量是不一样的，其中对碳、氢、氧、氮、磷、钾 6 种元素的需要量大，通常称为大量营养元素；对钙、镁、硫 3 种元素的需要量中等，通常称为中量营养元素；对铁、锰、锌、铜、钼、硼、氯 7 种元素的需要量少，通常称为微量营养元素。由于碳、氢、氧、氯等一般不需要通过施肥来解决，因此从苹果树营养与施肥的角度出发，主要考虑氮、磷、钾、钙、镁、硫、铁、锰、锌、铜、钼、硼等必需营养元素的适量供应及其在树体中的转化与积累等问题。

温馨提示

在16种必需营养元素中，氮、磷、钾是苹果树需要量大和收获时带走较多的营养元素，而它们通过残茬和根的形式归还给土壤的数量却不多，常常表现为土壤中有效含量较少，需要通过施肥加以调节，以供苹果树吸收利用。因此，氮、磷、钾被称为肥料三要素。

二、苹果树生长发育所需营养元素的作用

各种必需营养元素都是苹果树正常生长发育不可或缺的，在苹果树体内具有独特的生理作用，不能相互代替。各种必需营养元素的来源不同，在苹果树体内的作用也不相同（表1-1）。

表1-1 苹果树必需营养元素的生理作用

元素名称	生理作用
碳	光合作用的原料；淀粉、蛋白质、脂肪等重要有机化合物的组成元素
氢	作为水分的组成元素参与一切生理生化过程；淀粉、蛋白质、脂肪等重要有机化合物的组成元素
氧	呼吸作用的原料；参与水和二氧化碳的组成；淀粉、蛋白质、脂肪等重要有机化合物的组成元素
氮	蛋白质、酶、核酸、核蛋白、叶绿素、维生素、激素等重要物质的组成元素；增强苹果树的光合作用，参与苹果树体内各种代谢活动，调控苹果树的生命活动
磷	苹果树体内许多重要物质（核酸、核蛋白、磷脂、酶等）的组成元素；在糖代谢、氮素代谢和脂肪代谢中起重要作用；能提高苹果树抗寒、抗旱等能力
钾	苹果树体内60多种酶的活化剂，参与苹果树的代谢过程。能促进叶绿素合成和光合作用；是呼吸过程中酶的活化剂，能促进呼吸作用；增强苹果树抗旱、抗高温、抗寒、抗盐、抗病、抗倒伏、抗早衰等能力
钙	构成细胞壁的重要元素，参与形成细胞壁；能稳定生物膜的结构，调节膜的渗透性；能促进细胞伸长，对细胞代谢起调节作用；能调节养分离子的生理平衡，消除某些离子的毒害作用

（续）

元素名称	生理作用
镁	叶绿素的组成元素，并参与光合磷酸化和磷酸化作用；是许多酶的活化剂，具有催化作用；参与脂肪、蛋白质和核酸代谢；是染色体的组成元素，参与遗传信息的传递
硫	蛋白质和许多酶中不可缺少的元素；参与合成其他生物活性物质，如维生素、谷胱甘肽、铁氧还蛋白、辅酶 A 等；与叶绿素的形成有关，参与固氮作用；合成苹果树体内挥发性含硫物质，如大蒜油等
铁	许多酶和蛋白质的组成元素；影响叶绿素的形成，参与光合作用和呼吸作用的电子传递；促进根瘤菌作用
锰	多种酶的组成元素和活化剂；是叶绿体的结构成分；参与脂肪、蛋白质合成，参与呼吸过程中的氧化还原反应；促进光合作用和硝酸还原作用；促进胡萝卜素、维生素、核黄素的形成
铜	多种氧化酶的组成元素；是叶绿体蛋白-质体蓝素的成分；参与蛋白质和糖代谢；影响苹果树繁殖器官的发育
锌	许多酶的组成元素；参与生长素合成；参与蛋白质代谢和碳水化合物的运转；参与苹果树繁殖器官的发育
钼	固氮酶和硝酸还原酶的组成元素；参与蛋白质代谢；影响生物固氮作用；影响光合作用
硼	能促进碳水化合物运转；影响酚类化合物和木质素的生物合成；促进花粉萌发和花粉管生长，影响细胞分裂、分化和成熟；参与苹果树生长素类激素的代谢；影响光合作用
氯	能维持细胞膨压，保持电荷平衡；促进光合作用；对气孔有调节作用；抑制苹果树病害的发生

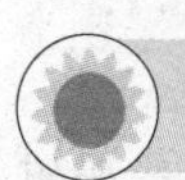

第二节　苹果树的需肥规律及特点

苹果树在不同的生长发育时期，所需养分的种类和数量会有不同，具有明显的年龄性和季节性。

一、苹果树在生命周期内的需肥规律

苹果树在生长发育过程中，一般分为幼树期、初结果树期、盛结果树

期和衰老树期4个时期。每个年龄时期在器官形态、树体结构和生理功能等方面都发生相应的变化，对栽培的管理要求也不相同。

1. 幼树期需肥规律

幼树期是指苗木定植到开花结果这段时期，属于营养生长时期。由于养分供应生长而积累较少，这一时期一般不结果，一般为3~6年。

幼树期的苹果树对养分的需要量相对较少，但对养分很敏感。虽然需氮较多，磷、钾较少，但应注意增施肥水。要多施有机肥料，化肥要增施磷肥，适当配施钾肥，控制氮肥的施用。但在贫瘠土壤上要重视施用氮肥，同时要加强根外追肥。幼树期要按照勤施少施的原则，积累更多的营养，及时满足幼树树体健壮生长和新梢抽发的需要，使其尽快形成树体骨架，为以后的开花结果奠定良好的物质基础。

温馨提示

苹果幼树根系不发达，按照“勤施淡施，次多量少，先少后多，先淡后浓”的原则，同时增加磷肥和钾肥，以增强树势。施肥间隔的时间要短，肥料的浓度要淡，次数要多，肥量要少，随着树龄的增大而渐次增多、增浓。

2. 初结果树期需肥规律

初结果树期是指开始结果到大量结果这段时期。苹果树初结果期一般为4~5年。

初结果树期是营养生长到生殖生长转化的时期，此期既要促进树体贮备养分，健壮生长，提高坐果率，又要控制无效新梢的抽发和徒长。因此既要注重氮、磷、钾的合理配比，又要控制氮的用量，以协调营养生长和生殖生长之间的平衡。若营养生长长势较强，施肥要以磷肥为主，配施钾肥，少施氮肥；若营养生长较弱，则施肥以磷肥为主，适当增施氮肥配施钾肥。

3. 盛结果树期需肥规律

盛结果树期是指苹果树大量结果而产量最高的时期。苹果树盛结果树期为15年，有的甚至达45年以上。

盛结果树期施肥的目的是促进果实优质丰产，维持树体健壮。此期对磷、钾的需求量增大，对氮的需求量相对比较稳定，因此应根据产量和树势适当调节氮、磷、钾的比例，同时注意微量元素的供应。栽培苹果多年且pH低（$pH<5.5$）的土壤应适当注意钙、镁的补充。

4. 衰老树期需肥规律

衰老树期是指苹果树衰老严重且退化的时期。此期树体进一步衰老，新梢生长量极小，几乎不发生健壮营养枝；老枝上的花芽数量虽然很多，但落花落果现象严重，产量锐减；骨干枝先端枯死范围更大，下部的光秃带更长，并且骨干枝内部液流输导衰退，对树体温度的调节效应差，因此容易得日灼病而使皮部损伤坏死，发生空洞和木质部心材腐朽。骨干根大量死亡，死亡位置常在地上部骨干枝死亡或衰败处的同侧。更新的树冠如果能得到良好的培养，也还能结果多年而获得较好的产量，在生产上仍有利用价值，但产量难以完全恢复，甚至与原来相比相差很远，而且对病虫害的抵抗力和对不良环境的适应性很差。在衰老树期的后期，更新的树冠再度衰老时，便失去栽培价值。

此期主要重视氮的供给，延长结果时间。

二、苹果树在年生长周期内的需肥规律

苹果树在一年中随环境条件的变化出现一系列的生理与形态的变化并呈现一定的规律性，这种随气候而变化的生命活动称为年生长周期。

1. 年生长周期中需肥的总体规律

在年生长周期中，苹果树进行营养生长的同时也开花、结果与花芽分化。为使苹果连年获得高产，就必须注意营养生长与生殖生长的平衡，在保证当年达到一定产量的同时，还要维持适量的营养生长，避免结果过量而使枝梢生长受到削弱，叶果比下降，果实变小，品质变劣，花芽形成减少，贮藏的养分减少，从而导致大小年结果现象。如果营养生长过旺，引起梢果养分竞争，破坏内部激素平衡，会导致落果而减产；同时过量的营养生长，造成树冠郁闭，冠内光线变劣，影响花芽分化和果实品质。因此，为苹果树施肥需要严格注意其营养生长与生殖生长的动态平衡，因园因树制订施肥方案。

年生长周期内苹果树的营养状况会有不同：春季养分从多到少，夏季处于低养分期，秋季养分开始积累，到冬季养分又处于相对较高期。掌握营养物质的合成运转和分配规律，有利于克服果园管理中的片面性，从而达到高产、优质、稳产、高效的目的。

1）春季是利用与贮藏营养的器官建造期，是指萌芽到春梢封顶这一时期，包括萌芽、展叶、开花至新梢迅速生长前。在此期间苹果树一切生命活动的能源和新生器官的建造，主要依靠前一年的贮藏营养。可见贮藏

养分的多少，不但关系到早春萌芽、展叶、开花、授粉坐果和新梢生长，而且影响后期苹果树生长发育和同化产物的合成积累。如果开花过多，新梢和根系生长就会受到抑制，当年果实的大小和花芽的形成等也无法得到保证。贮藏营养水平高的苹果树叶片大而厚，开花早而整齐，而且对外界不良环境的抵抗能力较强，表现为枝壮、坐果率高及生长迅速等。苹果树盛花期过后，新梢生长、幼果发育和花芽生理分化等对养分的需求量加大，根系、枝干贮藏的营养因春季生长的消耗渐趋耗尽，而叶片只有长到成龄叶面积的70%左右时，制造的光合产物才能外运，因此出现养分临界或转换期。此时激烈的养分竞争，常使苹果树出现新梢第9~13片叶由大变小，以及落果严重、花芽分化不良等现象。如果上一年贮藏营养充足，当年开花适量，则有利于此期营养的转换，使后期树体营养器官制造的光合产物能及时补充供给生产。

2）夏季是利用当年同化营养期。这一时期是指落果期至果实成熟采收前。此期叶片已经形成，部分中短枝封顶，进入花芽分化，果实也开始膨大；营养器官同化功能最强，光合产物上下输导，合成和贮藏同时发生，树体以消耗当年有机营养为主。所以，此期的管理水平直接影响当年成花数量与质量、果实品质优劣和产量高低。

3）秋季是有机营养贮藏期。这一时期大体是从果实采收至落叶。此期果实已经完成年生长周期，所有器官体积不再增大，只有根系还有一次生长高峰，但贮藏的养分大于消耗的养分。叶片中的同化产物除少部分供应果实外，绝大部分从落叶前1~1.5个月开始陆续向枝干的韧皮部、髓部和根部回流贮藏，直到落叶后结束。生长期结果过多或病虫害造成早期落叶等都会造成营养消耗多、积累少，树体贮藏养分不足。而此期贮藏营养对苹果树越冬及第二年春季的萌芽、开花、展叶、抽梢和坐果等过程的顺利完成有显著的影响，可见充分增加树体贮藏的营养是苹果树丰产、优质、稳产的重要保证。

4）冬季是有机营养相对沉溃期，这一时期大体是从落叶后到第二年萌芽前。苹果树落叶后少量的营养物质仍按小枝→大枝→主干→根系这个方向回流，并在根系中累积贮存，第二年春季发芽前随树液流动便开始从地下部向地上部流动，其顺序与回流正好相反。与生长期相比，休眠期树体活动比较微弱，地上部枝干贮藏营养相对较少，适于冬剪。

春季树体萌芽、开花、坐果、果实发育和新梢生长连续进行，此期需氮较多，需磷、钾较少；而夏季正是果实的迅速膨大期，此期需要大量的

磷、钾，以促进养分运转，对氮的需求相对较少；秋季吸收的养分主要用于贮藏，对各种养分都需要。

温馨提示

苹果树在5~6月进入果树根系第二次生长高峰期、果树花芽分化的高峰期、果树全年的营养临界期、果树内源分泌激素的转移期、果树防治病虫害的关键期。此期，苹果树的优生区气候反复无常，冰雹、大风、干旱、雷雨、虫鸟层出不穷，营养不良、树势衰弱的苹果树最易发生各种腐烂病。

磷在苹果树体内控制碳水化合物的代谢及糖的外运，它能够提高苹果树的抗旱、抗寒、抗病、抗逆和抗倒伏的能力，特别是能够促进苹果树根系的发育及花芽分化，因此磷被人们称为植物的能量元素。5月下旬~6月上旬是决定当年果个大小，确立第二年果实品质，杜绝大小年发生的关键期，也是由保花保果向保叶保根的转战期，更是防治腐烂病和各种病虫害的非常期。“无磷不成花，有花果不实”，磷决定着果实籽仁的饱满程度，而籽仁则决定着果实膨大系数的多少。

2. 不同时期苹果树的年生长周期需肥规律

（1）未结果苹果树　未结果苹果树的年生长周期中，氮的吸收量自春季至夏季随气温上升而增加，到8月上旬达到高峰，以后随气温下降，吸收量逐渐下降。磷的吸收规律与氮的大致相同，但吸收量较少，高峰期不明显。钾的吸收量自萌芽开始，随着枝条生长而急剧增加；枝条停止生长后，吸收量急剧减少。

（2）结果苹果树

1）结果苹果树的年生长周期中，苹果树于生长前期对氮的需求量最大，新梢生长、花期和幼果生长都需要大量的氮，但此期需要的氮主要来源于树体贮藏的养分，因此增加氮的贮藏非常重要。进入6月下旬以后，氮的需求量减少，如果7~8月氮过多，必然造成秋梢旺长，影响花芽分化和果实膨大。而从采收到休眠前，是根系的再次生长高峰，也是氮的贮藏期，苹果树对氮的需求量又明显回升。

2）对磷元素的吸收，表现为生长初期迅速增加，花期达到吸收高峰，以后一直维持较高水平，直至生长后期仍无明显变化。

3）对钾元素的需求表现为前低、中高、后低，即花期需求量少，后期逐渐增加，至8月果实膨大期达到高峰，后期又逐渐下降。

4）钙元素在苹果幼果期达到吸收高峰，占全年需求量的70%。因此，幼果期供给充足的钙对果实生长发育至关重要。

5）苹果树对镁的需求量随着叶片的生长而逐渐增加，并维持在较高水平。

6）硼元素的需求量在花期最大，其次是幼果期和果实膨大期。因此，花期是补硼的关键时期，可提高坐果率，增加优质果率。

7）锌元素的需求量在发芽期最大，必须在发芽前进行补充。

三、苹果树不同砧穗组合的需肥规律

苹果树通常以嫁接繁殖为主，即将优良品种的枝或芽（接穗）嫁接到其他砧木的枝、干等适宜部位上，接口愈合后即长成新的树体。因嫁接树由砧木和接穗组成，它既兼有二者的特点，又存在着相互密切的影响，而以砧木对地上部的影响最明显。

由于砧木对树体生长、结果能力与果实品质，以及对干旱、寒冷、盐碱、酸害和病虫等的抵抗能力均有很大影响，因此不同砧穗组合对养分的吸收、运转和分配的差异很大，相同品种嫁接在不同砧木上，植株的营养状况差异也很明显。不耐盐碱的东北山定子砧木，叶片中铁的含量低，易发生严重的黄叶病，而耐盐碱的八棱海棠砧木含铁丰富，钾、铜、锰含量低。山东省对不同砧木红星苹果的观察表明，矮化砧木根系中硝态氮含量高于乔化砧，在花芽分化期糖类与铵态氮含量高且比例协调，促进了花芽分化；而乔化砧红星苹果中的碳、氮两种元素往往比例失调，树势旺长而不结果。湖北省通过对矮化中间砧的试验表明，金帅和矮生苹果的氮、磷、钾含量均是M_9砧 > M_7砧 > M_4砧（基砧为河北海棠），祝光苹果叶片中的钾含量也表明这一趋势。可见筛选高产优质砧穗组合，可减轻或克服营养失调，提高养分利用率。

近几年，在国内外的苹果栽培中，多利用矮化砧木和短枝型品种。由于砧木、接穗类型和栽培方式的不同，对养分的需求、吸收也有很大的影响。砧木类型不仅影响苹果树的树势，对养分的吸收也有明显影响。据国外资料报道，砧木M_9能提高叶片中氮、钙、镁、铁、硼的含量，同时降低了叶片中磷、钾、钠等元素的含量，在生产中应引起极大的关注。

因此，在苹果生产中，要根据区域条件，因地制宜地选择砧木和接穗组合，并在此基础上合理施肥，协调嫁接苗的营养平衡，充分发挥其优良的遗传特性，提高其丰产性能。

四、苹果树的需肥特点

苹果树为多年生木本植物，对养分的吸收利用不同于一般作物，主要表现在以下8个方面：

1. 苹果树为高产作物，需肥量大

苹果树为多年生、深根性高效经济作物，生产能力较高，进入盛果期的苹果树，平均亩（1亩≈667米^2）产在3000千克以上，高产的可超过5000千克。苹果树每年生长发育、开花结果时都需要从土壤中吸收大量养分，导致土壤养分因消耗而出现严重短缺，因此苹果树需肥量大，只有供给充足的肥料，才能保证苹果树高产。

一般亩产2000千克的苹果园，每年需从土壤中吸收氮（N）6.0~6.8千克、磷（P_2O_5）1.6~2.2千克、钾（K_2O）4.2~6.4千克，氮、磷、钾的吸收比例为1∶0.3∶0.8。亩产3000千克的苹果园，每年从土壤中吸收氮（N）6.0~9.0千克、磷（P_2O_5）1.5~3.3千克、钾（K_2O）7.0~10.0千克，氮、磷、钾的吸收比例为1∶0.2∶1.3。

2. 苹果生产中需肥种类较多

苹果生产与其他作物生产一样，需要大量的氮、磷、钾三要素作为保障，同时对钙、镁、硫、硼、锌、铁等中、微量元素也有较高的需求。

3. 苹果树对肥料需求的节奏感明显

苹果树在不同的生长阶段和不同的生长时期，由于侧重点不同，对肥料需求的种类和数量也不相同，这不仅表现在苹果树的整个生长期，也表现在年周期中。就整个生长期而言，幼树期以长树为主，对氮的需求量大；初结果树期，对磷的需求量增加。苹果幼树期氮、磷、钾的配比以1∶0.6∶1较适宜；进入结果期后，对磷、钾的需求会显著增加，一般氮、磷、钾的配比以1∶0.7∶1.2较适宜。

在年周期中，苹果树生长发育过程中的营养物质分配和运转也随各器官的形成有所偏重。花期营养分配中心是花器，但开花与新梢生长有矛盾，花量过大时会影响新梢、叶、根的生长。新梢生长期，新梢与幼果之间竞争养分激烈，新梢停长和花芽分化期营养中心为花芽分化和果实发育，主要利用叶片制造营养，果实成熟期叶片制造的光合产物除供应果实外，还开始向贮藏器官运送。因而整体上苹果树一年中，前期供肥以高氮中磷低钾为宜，中期以中氮高磷高钾为宜，后期以中氮低磷中钾为宜。对中、微量元素的吸收也有节奏性。钙的吸收在果实幼果期达到高峰，谢花

后1周的幼果期到套袋前应补充足够的钙；硼元素在花期需求量大，其次是幼果期和果实膨大期，因此花期补硼最关键；锌元素在发芽前需求量大，补锌在开花前45天为宜。冬季果实采收后，树体养分被大量消耗，急需补充营养，因而苹果树需肥的节奏感是相当明显的。

4. 苹果生产中土壤养分失衡现象严重

苹果树长期在一处生长，需求量大的营养元素会越来越少，而树体生长结果需求量少的元素会越来越多，这样就会导致土壤养分失衡，如果补给不及时或补给营养元素组成不合理，土壤结构被破坏，对苹果持续生产是非常不利的。

5. 苹果树对铵态氮敏感

苹果树对铵态氮和硝态氮均可吸收，其中硝态氮是苹果的优良氮源，铵态氮过量会抑制苹果树对钾和钙的吸收，在施肥中应引起重视。

6. 苹果树年生长周期存在两个营养阶段

在苹果树年生长周期过程中，前期以利用树体贮藏养分为主，后期叶片功能齐全，树体以利用当年同化养分为主。

（1）以利用树体贮藏养分为主的阶段 从萌芽前树液流动开始到6月上中旬，树体叶片处于发生阶段，树体的生命活动以利用贮藏养分为主，树体贮藏养分的多少及养分的分配状况，对树势发育和开花结果都有重要的影响。

（2）以利用当年同化养分为主的阶段 在春梢迅速生长结束，短枝、叶丛枝上的叶面积完全发展之后，树体进入以利用当年同化养分为主的阶段，这个阶段树体的营养水平、叶面积的增长速度和最终大小，与叶片对光能的利用率等有密切关系。

7. 年内有两个营养转换期

第一个营养转换期是从利用以贮藏养分为主的阶段向以利用当年同化养分为主阶段的过渡期，这一时期包括萌芽、展叶、开花至新梢迅速生长之前，即从萌芽到春梢封顶期。在此期间，苹果树一切生命活动的进行依靠前一年的贮藏营养。贮藏营养水平高的苹果树叶片大而厚，开花早而整齐，对外界不良环境的抵抗力较强。当叶片长到成龄叶面积的70%左右时，出现养分临界期或转换期。第二个营养转换期是在完成年周期的生长后至落叶前将叶片中的同化产物回流到枝干、根系中贮藏起来的过程。

8. 年周期内营养变化有规律

苹果树的营养状况在年周期内不尽相同，表现为春季养分从多到少，夏季处于低养分时期，秋季养分开始积累，到冬季养分又相对较多。

第二章

苹果树常用肥料

只有生长健康的苹果树才能生产出健康而品质优良的苹果，而健康的苹果树除了从土壤中吸收一部分营养元素外，还需要通过施用肥料来满足其对养分的需求。因此，安全科学地施用肥料对苹果树的健康生长尤为重要。苹果树常用的肥料主要有化学肥料、有机肥料、生物肥料三大类，以及在此基础上研制开发的新型肥料等。

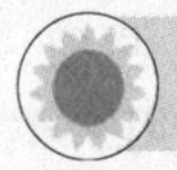

第一节 有机肥料

从有机肥料来源、特性、积制方法、未来发展等方面综合考虑，可将其分为农家肥、秸秆肥、绿肥、商品有机肥料4种类型。

一、农家肥

农家肥是农村就地取材、就地积制、就地施用的一类自然肥料，主要包括人畜粪尿、厩肥、禽粪、堆肥、沤肥、沼气肥和饼肥等。

1. 人粪尿

(1) 性质与特点 人粪中的有机物主要是纤维素、半纤维素、脂肪、蛋白质、氨基酸、各种酶等，还含有少量粪臭质、吲哚、硫化氢、丁酸等臭味物质；无机物主要是钙、镁、钾、钠的硅酸盐、磷酸盐和氯化物等盐类。新鲜人粪约含氮（N）1.0%[㊀]、全磷（P_2O_5）0.5%、全钾（K_2O）0.3%，一般呈中性。

人尿含约95%的水分，以及5%左右的水溶性有机物和无机盐类，主要为尿素（占1%~2%）、氯化钠（约占1%），少量的尿酸、马尿酸、氨

㊀ 文中涉及含量的百分数为质量分数，若有特殊情况再另作说明。

基酸、磷酸盐、铵盐、微量元素和微量的生长素（吲哚乙酸等）。新鲜的尿液为浅黄色透明液体，不含微生物，因含有少量磷酸盐和有机酸而呈弱酸性。

（2）科学施用　人粪尿一般先制成堆肥，再用作基肥。如果直接施用，一般每亩（1 亩≈667 米^2）施用量为 2000～3000 千克，还应配合其他有机肥料和磷、钾肥。单独积存的人粪尿可加 3～5 倍的水或加适量的化肥追施。南方果农习惯泼浇水肥，北方果农习惯随水灌施，效果均好。

（3）适宜土壤　人粪尿适用于各种土壤，尤其是含盐量在 0.05% 以下的土壤、具有灌溉条件的土壤，以及雨水充足地区的土壤。但干旱地区灌溉条件较差的土壤和盐碱土，施用人粪尿时应加水稀释，以防止土壤盐渍化加重。

2. 家畜粪尿及厩肥

（1）家畜粪尿的成分　家畜粪成分较为复杂，主要是纤维素、半纤维素、木质素、蛋白质及其降解物、脂肪、有机酸、酶、大量微生物和无机盐类。家畜尿成分较为简单，全部是水溶性物质，主要为尿素、尿酸、马尿酸，以及钾、钠、钙、镁的无机盐。家畜粪尿中养分的含量常因家畜的种类、年龄、饲养条件等不同而有差异。表 2-1 中是各种家畜粪尿中主要养分的平均含量。

表 2-1　各种家畜粪尿中主要养分的平均含量（鲜基，%）

家畜种类		水分	有机质	氮（N）	磷（P_2O_5）	钾（K_2O）	碳氮比
猪	粪	82.0	15.0	0.56	0.40	0.44	
	尿	96.0	2.5	0.30	0.12	0.95	
马	粪	75.8	21.0	0.50	0.03	0.03	
	尿	90.1	7.1	1.20	0.01	1.50	
牛	粪	83.3	14.5	0.32	0.25	0.15	
	尿	93.8	3.5	0.80	0.03	1.30	
羊	粪	65.5	31.4	0.65	0.50	0.30	
	尿	87.2	8.3	1.40	0.03	2.10	

（2）厩肥的成分　不同的家畜，由于饲养条件不同和垫圈材料的差异，各种和各地厩肥的成分有较大的差异，特别是有机质和氮含量差异更显著（表 2-2）。

表 2-2　新鲜厩肥中主要养分的平均含量（%）

种类	水分	有机质	氮（N）	磷（P_2O_5）	钾（K_2O）	钙（CaO）	镁（MgO）	硫（SO_3）
猪厩肥	72.4	25.0	0.45	0.19	0.60	0.08	0.08	0.08
牛厩肥	77.5	20.3	0.34	0.16	0.40	0.31	0.11	0.06
马厩肥	71.3	25.4	0.58	0.28	0.53	0.21	0.14	0.01
羊厩肥	64.3	31.8	0.083	0.23	0.67	0.33	0.28	0.15

厩肥半腐熟特征可概括为“棕、软、霉”，完全腐熟可概括为“黑、烂、臭”，腐熟过劲可概括为“灰、粉、土”。

（3）科学施用　厩肥中氮的当季利用率不高，一般为20%～30%，磷的当季利用率一般为30%～40%，钾的当季利用率高达60%～70%。因此，施用厩肥时，应因土和厩肥养分的有效性，配施相应的不同种类与数量的化学肥料。一般质地黏重、排水差的土壤，应施用腐熟的厩肥，而且不宜耕翻过深；对沙壤土，则可施用半腐熟厩肥，翻耕深度可适当加深。苹果树的厩肥用量一般每亩为2000～4000千克，可全园撒施耕翻，多采用放射状沟或环状沟施肥。

3. 堆肥

堆肥是利用秸秆、杂草、绿肥、泥炭、垃圾和人畜粪尿等废弃物为原料混合后，按一定方式进行堆制的肥料。

（1）堆肥的性质　堆肥的性质基本和厩肥类似，其养分含量因堆肥原料和堆制方法不同而有差别（表 2-3）。堆肥一般含有丰富的有机质，碳氮比较小，养分多为速效态；堆肥还含有维生素、生长素及微量元素等。

表 2-3　堆肥中的养分含量

种类	水分（%）	有机质（%）	氮（N，%）	磷（P_2O_5，%）	钾（K_2O，%）	碳氮比（C/N）
高温堆肥	—	24～42	1.05～2.00	0.32～0.82	0.47～2.53	9.7～10.7
普通堆肥	60～75	15～25	0.40～0.50	0.18～0.26	0.45～0.70	16.0～20.0

堆肥的腐熟是一系列微生物活动的复杂过程。堆肥初期是矿质化过程占主导，堆肥后期则是腐殖化过程占主导。其腐熟程度可从颜色、软硬程

度及气味等特征来判断。半腐熟的堆肥材料组织松软易碎，分解程度差，汁液为棕色，有腐烂味，可概括为“棕、软、霉”。腐熟的堆肥，堆肥材料完全变形，呈褐色泥状物，可捏成团，并有臭味，特征是“黑、烂、臭”。

（2）科学施用　堆肥主要作为基肥，每亩施用量一般为3000～5000千克。用量较多时，可以全耕层均匀混施；用量较少时，采用放射状沟或环状沟施肥。

堆肥还可以作为追肥使用。作为追肥时应提早施用，并尽量施入土中，以利于养分的保持和肥效的发挥。堆肥和其他有机肥料一样，虽然是营养较为全面的肥料，但氮含量相对较低，需要和化肥一起配合施用，以便更好地发挥堆肥和化肥的肥效。

4. 沤肥

沤肥是利用秸秆、杂草、绿肥、泥炭、垃圾和人畜粪尿等废弃物为原料混合后，按一定方式进行沤制的肥料。沤肥因积制地区、积制材料和积制方法的不同而名称各异，如江苏的草塘泥、湖南的凼肥、江西和安徽的窖肥、湖北和广西的垱肥、北方地区的坑沤肥等，都属于沤肥。

（1）沤肥的性质　沤肥是在低温厌氧条件下进行腐熟的，腐熟速度较为缓慢，腐殖质积累较多。沤肥的养分含量因材料配比和积制方法的不同而有较大的差异。一般而言，沤肥的pH为6～7，有机质含量为30～120克/千克，全氮含量为2.1～4.0克/千克，速效氮含量为50～248毫克/千克，全磷（P_2O_5）含量为1.4～2.6克/千克，速效磷（P_2O_5）含量为17～278毫克/千克，全钾（K_2O）含量为3.0～5.0克/千克，速效钾（K_2O）含量为68～185毫克/千克。

（2）科学施用　沤肥一般作为基肥施用。在旱地上施用时，也应结合耕地作为基肥。沤肥每亩的施用量一般在2000～4000千克，并注意配合化肥和其他肥料一起施用，以解决沤肥肥效长但速效养分供应强度不大的问题。

5. 沼气肥

某些有机物发酵产生的沼气可以缓解农村能源紧张，协调农牧业均衡发展，发酵后的废弃物（沼渣和沼液）还是优质的有机肥料，即沼气肥，也称作沼气池肥。

（1）沼气肥的性质　沼气发酵产物中除沼气可作为能源使用以及用于粮食贮藏、孵化和柑橘保鲜外，沼液（占总残留物的13.2%）和沼渣（占总残留物的86.8%）还可以进行综合利用。沼液含速效氮0.03%～

0.08%、速效磷（P_2O_5）0.02%～0.07%、速效钾（K_2O）0.05%～1.40%，同时还含有钙、镁、硫、硅、铁、锌、铜、钼等各种矿质元素，以及各种氨基酸、维生素、酶和生长素等活性物质。沼渣含全氮5～12.2克/千克（其中速效氮占全氮的82%～85%）、速效磷50～300毫克/千克、速效钾170～320毫克/千克，以及大量的有机质。

（2）科学施用　沼液是优质的速效性肥料，可作为追肥施用。一般土壤追肥每亩施用量为2000千克，并且要深施覆土。沼液还可以作为叶面追肥，将沼液和水按1:（1～2）稀释，7～10天喷施1次，可收到很好的效果。除了单独施用外，沼液还可以和沼渣混合作为基肥和追肥施用。

沼渣可以和沼液混合施用，作为基肥每亩施用量为2000～4000千克，作为追肥每亩施用量为1000～1500千克。沼渣也可以单独作为基肥或追肥施用。

6. 饼肥

饼肥是含油的种子经油分提取后的渣粕，用作肥料时称为饼肥。

（1）种类与性质　我国饼肥的种类较多，主要有大豆饼、花生饼、芝麻饼、菜籽饼、棉籽饼、茶籽饼等。饼肥富含有机质和氮，并含有一定量的磷、钾及各种微量元素，饼肥中一般含有机质75%～85%、氮1.11%～7.00%、速效磷（P_2O_5）0.37%～3.0%、速效钾（K_2O）0.85%～2.13%，还含有蛋白质、氨基酸、微量元素等。饼肥中的氮以蛋白质形态存在，磷以植酸及其衍生物和卵磷脂等形态存在，钾大多数为水溶性的。

（2）科学施用　施用时应先发酵再施用。饼肥发酵一般采用与堆肥或厩肥混合堆积的方法，或者用水浸泡数天。

饼肥可作为基肥、追肥，用量一般为每亩100～150千克，施肥深度应在20厘米以下，施后覆土。饼肥含有抗生物质，施用后可减轻病虫害。直接施用饼肥时应拌入适量杀虫剂，以防招引地下害虫。

二、商品有机肥料

商品有机肥料是以植物和动物残体及畜禽粪便等富含有机物质的资源为主要原料，采用工厂化方式生产的有机肥料。与农家肥相比，商品有机肥料具有养分含量相对较高、质量稳定、施用方便等优点。生产用的主要物料包括畜禽粪便、城市垃圾、糠壳饼麸、作物秸秆，以及食品厂、造纸厂、制糖厂、发酵厂等废弃物料。商品有机肥料主要有精制有机肥料、生物有机肥、有机无机复混肥料等，一般主要是指精制有机肥料。

1. 技术指标

商品有机肥料的生产方法一般包括粉碎、搅拌、发酵、除臭、脱水、二次粉碎、造粒、干燥，整个过程需要1个月左右的时间。商品有机肥料必须按肥料登记管理办法办理肥料登记，并取得登记证号，方可在农资市场上流通销售。

商品有机肥料的外观要求：褐色或灰褐色，粒状或粉状，无机械杂质，无恶臭。其技术指标见表2-4。

表2-4　商品有机肥料的技术指标（NY 525—2012）

项　目	指　标
有机质的质量分数（以烘干基计,%）	≥45.0
总养分（$N+P_2O_5+K_2O$）的质量分数（以烘干基计,%）	≥5.0
水分（鲜样）的质量分数（%）	≤30.0
pH	5.5~8.5

商品有机肥料中的蛔虫卵死亡率和粪大肠杆菌值指标应符合《生物有机肥》（NY 884—2012）的要求。

2. 科学施用

商品有机肥料一般作为基肥施用，也可作为追肥，一般每亩施用200~500千克。施用时应根据土壤肥力确定施用量。如果用作基肥，最好配合氮磷钾复混肥，肥效更佳。

身边案例

商品有机肥料和农家肥哪个更好?

现在果农对商品有机肥料的关注度越来越高，这是因为一方面商品有机肥料的制作工艺越来越先进，其无害化处理更高效；另一方面，其改良土壤功能特殊。国家层面非常支持和鼓励使用商品有机肥料。商品有机肥料与农家肥的不同之处如下：

首先，商品有机肥料比农家肥“无害”。两种肥料的区别重点在于“腐熟”和“无害”。与商品有机肥料相比，农家肥存在许多缺陷：一是含盐分较多，容易使土壤盐化；二是农家肥带有大量的病菌、虫卵，会引发棚室内的病虫草害；三是农家肥的养分含量不稳定，不能做到合理补肥；四是农家肥内若含有害物质、重金属物质，仅凭借高温发酵不能去除。

其次，商品有机肥料改良土壤效果更迅速，若是土壤出现了不良状况，使用商品有机肥料改良比农家肥更加快速。这是因为商品有机肥料具有洁净性和完熟性两大特点。商品有机肥料在制作过程中不仅进行高温杀菌杀虫，并且通过微生物完全发酵，很好地控制氧气和发酵温度，使有机物质充分分解成为直接形成团粒结构的腐殖质等，同时，产生的氨基酸和有益代谢产物得以保留。商品有机肥料使用后不会产生对苹果树有影响的物质。

再次，商品有机肥料的养分配比更合理。商品有机肥料中的各类养分是可调整的，可以针对不同的土壤状况使用不同养分含量的产品。

三、腐殖酸肥料

腐殖酸肥料过去常作为有机肥料中的一种利用。近年来人们对作物品质的要求越来越高，肥料生产技术也在不断改进，腐殖酸肥料产品越来越多，已得到果农的认可。

1. 腐殖酸肥料的品种与性质

腐殖酸为黑色或黑褐色无定形粉末，在稀溶液条件下像水一样无黏性，或多或少地溶解在酸、碱、盐、水和一些有机溶剂中，具有弱酸性，是一种亲水胶体，具有较高的离子交换性、络合性和生理活性。

腐殖酸肥料主要有腐殖酸铵、硝基腐殖酸铵、腐殖酸磷、腐殖酸铵磷、腐殖酸钠、腐殖酸钾、黄腐酸等。

（1）腐殖酸铵　腐殖酸铵简称腐铵，化学分子式为 $R\text{-}COONH_4$，一般含水溶性腐殖酸铵25%以上、速效氮3%以上。外观为黑色有光泽的颗粒或黑色粉末，溶于水，呈微碱性，无毒，在空气中稳定。腐殖酸铵可作为基肥（每亩用量为40～50千克）、追肥、浸种或浸根等，适用于各种土壤。

（2）硝基腐殖酸铵　硝基腐殖酸铵是腐殖酸与稀硝酸共同加热，氧化分解形成的，一般含水溶性腐殖酸铵45%以上、速效氮2%以上。外观为黑色有光泽的颗粒或黑色粉末，溶于水，呈微碱性，无毒，在空气中较稳定。硝基腐殖酸铵可作为基肥（每亩用量为40～75千克）、追肥，用于浸种或浸根等，适用于各种土壤。

（3）腐殖酸钠、腐殖酸钾　腐殖酸钠、腐殖酸钾的化学分子式分别为 R-COONa、R-COOK，一般腐殖酸钠中含腐殖酸 40%～70%，腐殖酸钾中含腐殖酸 70%以上。二者呈棕褐色，易溶于水，水溶液呈强碱性。两者可作为基肥（用 0.05%～0.1%液肥与农家肥拌在一起施用）、追肥（每亩用 0.01%～0.1%液肥 250 千克浇灌），用于浸根插条（用 0.01%～0.05%液肥）、根外追肥（喷施 0.01%～0.05%液肥）等。

（4）黄腐酸　黄腐酸又称富里酸、富啡酸、抗旱剂一号、旱地龙等，溶于水、酸、碱，水溶液呈酸性，无毒，性质稳定，呈黑色或棕黑色，含黄腐酸 70%以上，可用于叶面喷施（苹果树稀释 800～1000 倍）等。

2. 腐殖酸肥料的科学施用

（1）施用条件　腐殖酸肥料适于各种土壤，特别是用于有机质含量低的土壤、盐碱地、酸性红壤、新开垦红壤、黄土、黑黄土等效果更好。

（2）固体腐殖酸肥料的科学施用　腐殖酸肥料与化肥混合制成腐殖酸复混肥，可以作为基肥、追肥或根外追肥，可撒施、穴施、条施或压球造粒施用。

1）基肥。可以采用放射状或环状沟施等办法，一般每亩可施腐殖酸铵等 40～80 千克左右、腐殖酸复混肥 30～60 千克。

2）追肥。应该早施，应在距离作物根系 6～9 厘米附近穴施或条施，追施后结合中耕覆土。将硝基腐殖酸铵作为增效剂与化肥混合施用效果较好，每亩施用量为 20～30 千克。

（3）注意事项　腐殖酸肥料肥效缓慢，后效较长，应该尽量早施。腐殖酸肥料本身不是肥料，必须与其他肥料配合施用才能发挥作用。

施肥歌谣

为方便施用腐殖酸肥料，可熟记下面的歌谣：

腐肥内含腐殖酸，具有较多功能团；与钙结合成团粒，最适沙黏及盐碱；

基肥追肥都能用，还可喷施浸插条；腐肥产生刺激素，施用关键是浓度。

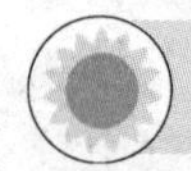

第二节　生物肥料

生物肥料是指一类含有活微生物的特定制品，应用于农业生产中，能够获得特定的肥料效应，并且在这种效应的产生中，制品中活微生物起关键作用。符合上述定义的制品均归于生物肥料。

一、生物肥料的功效与种类

1. 生物肥料的主要功效

生物肥料的功效主要与营养元素的来源和有效性有关，或者与作物吸收营养、水分和抗病有关，概括起来主要有以下几个方面：

（1）增加土壤肥力　例如，固氮菌肥料可以增加土壤中的氮；多种磷细菌、钾细菌肥料可以将土壤中的难溶性磷、钾分解出来，供作物吸收利用。许多种生物肥料能够产生大量的多糖物质，与植物黏液、矿物质胶体和有机胶体结合起来，改善土壤团粒结构，从而改善土壤理化性状。

（2）制造作物所需养分或协助作物吸收养分　根瘤菌肥料可以浸染豆科植物根部，形成根瘤进行固氮，进而转化为谷氨酰胺和谷氨酸类等作物能吸收利用的氮素化合物。VA 菌根可与多种作物共生，其菌丝伸出根部很远，可吸收更多营养供作物利用。

（3）产生植物激素类物质刺激作物生长　许多用作生物肥料的微生物可产生植物激素类物质，能够刺激和调节作物生长，使作物生长健壮，营养状况得到改善。

（4）对有害微生物具有防治作用　由于作物根部使用生物肥料，其中的微生物在作物根部大量生长繁殖，作为作物根际的优势菌，限制其他病原微生物的繁殖。同时，有的微生物对病原微生物还具有拮抗作用，起到减轻作物病害的功效。

2. 生物肥料的种类

（1）生物肥料的剂型　从成品性状看，生物肥料成品的剂型主要有液体、固体、冻干剂 3 种。液体有的是由发酵液直接装瓶，也有用矿物油封面的。固体剂型主要是以泥炭为载体，分粉剂、颗粒剂两种剂型，近年来也有用吸附剂的。冻干剂是用发酵液浓缩后冷冻干燥制得的。

（2）生物肥料的分类　生物肥料的分类见表 2-5。

二、常用的生物肥料

适宜苹果树施用的生物肥料主要有磷细菌肥料、钾细菌肥料、复合微生物肥料等。

1. 磷细菌肥料

磷细菌肥料是指含有能强烈分解有机磷或无机磷化合物的磷细菌生物制品。

表 2-5　生物肥料的分类

分类依据	生物肥料的类型
按功能分	微生物拌种剂：利用多孔的物质作为吸附剂，吸附菌体发酵液而制成的菌剂，主要用于拌种，如根瘤菌肥料
	复合微生物肥料：两种或两种以上的微生物互相有利，通过其生命活动使作物增产
	腐熟促进剂：一些菌剂能加速作物秸秆腐熟和有机废物发酵，主要由纤维素分解菌组成
按营养物质分	微生物和有机物复合、微生物和有机物及无机元素复合
按作用机理分	以营养为主、以抗病为主、以降解农药为主，也可多种作用同时兼有
按微生物种类分	细菌肥料（根瘤菌肥料、固氮菌肥料、磷细菌肥料、钾细菌肥料）、放线菌肥料（抗生肥料）、真菌类肥料（菌根真菌肥料、霉菌肥料、酵母肥料）、光合细菌肥料

（1）磷细菌的特点　磷细菌是指具有强烈分解含磷有机物或无机物，或者促进磷素有效化作用的细菌。磷细菌在生命活动中除具有解磷的特性外，还能形成维生素等刺激性物质，对作物生长有刺激作用。

磷细菌分为两种：一种是水解有机磷微生物（如芽孢杆菌属、节杆菌属、沙雷氏菌属等中的某些种），能使土壤中的有机磷水解；另一种是溶解无机磷微生物（如色杆菌属等），能利用生命活动产生的二氧化碳（CO_2）和各种有机酸，将土壤中一些难溶性的矿质态磷酸盐溶解，改善土壤中的磷。

（2）磷细菌肥料的性质　目前国内生产的磷细菌肥料有液体和固体两种剂型。液体剂型的磷细菌肥料为棕褐色混浊液体，含活细菌 5 亿～15 亿个/毫升，杂菌数小于 5%，含水量为 20%～35%，有机磷细菌不少于 1 亿个/毫升，无机磷细菌不少于 2 亿个/毫升，pH 为 6.0～7.5。固体（颗粒）剂型的磷细菌肥料呈褐色，有效活菌数大于 3 亿个/克，杂菌数小于 20%，含水量小于 10%，有机质含量不低于 25%，粒径为 2.5～4.5 毫米。

（3）科学施用　磷细菌肥料可作为基肥、追肥。

1）基肥。作为基肥时，可与有机肥料、磷矿粉混匀后沟施或穴施，

一般每亩用量为1.5～2千克，施后立即覆土。

2）追肥。作为追肥时，可将磷细菌肥料用水稀释后在苹果树开花前施用，菌液施于根部。

（4）注意事项　磷细菌的适宜温度为30～37℃，适宜的pH为7.0～7.5。拌种时随配随拌，不宜留存；暂时不用的，应该放置在阴凉处覆盖保存。磷细菌肥料不与农药及生理酸性肥料同时施用，也不能与石灰氮、过磷酸钙及碳酸氢铵混合施用。

2. 钾细菌肥料

钾细菌肥料又名硅酸盐细菌肥料、生物钾肥。钾细菌肥料是指含有能对土壤中云母、长石等含钾的铝硅酸盐及磷灰石进行分解，释放出钾、磷与其他灰分元素，改善作物营养条件的钾细菌的生物制品。

（1）钾细菌的特点　钾细菌又名硅酸盐细菌，其产生的有机酸类物质能强烈分解土壤中硅酸盐中的钾，使其中的难溶性矿物钾转化为作物可利用的有效钾。同时，钾细菌对磷、钾等矿物元素有特殊的利用能力，它可借助荚膜包围岩石矿物颗粒而吸收磷、钾养分。细胞内含钾量很高，其灰分中的钾含量高达33%～34%。菌株死亡后钾可以从菌体中游离出来，供作物吸收利用。钾细菌可以抑制作物病害，提高作物的抗病性。菌体内存在着生长素和赤霉素，对作物具有一定的刺激作用。此外，该菌还有一定的固氮作用。

（2）钾细菌肥料的性质　钾细菌肥料产品主要有液体和固体两种剂型。液体剂型为浅褐色混浊液体，无异臭，有微酸味，有效活菌数大于10亿个/毫升，杂菌数占比小于5%，pH为5.5～7.0。固体剂型是以泥炭为载体的粉状吸附剂，外观呈黑褐色或褐色，湿润而松散，无异味，有效活细菌数大于1亿个/克，杂菌数占比小于20%，含水量小于10%，有机质含量不低于25%，粒径为2.5～4.5毫米，pH为6.9～7.5。

（3）科学施用　钾细菌肥料可作为基肥、追肥。

1）基肥。苹果树施用钾细菌肥料，一般在秋末或早春，根据树冠大小，在距树身1.5～2.5米处环树挖沟（深、宽各15厘米），每亩用菌剂1.5～2.5千克混细肥土20千克，施于沟内后覆土即可。

2）追肥。按每亩用菌剂1～2千克兑水50～100千克混匀后进行灌根。

（4）注意事项　紫外线对钾细菌有杀灭作用，因此在贮存、运输、使用过程中应避免阳光直射。应在室内或棚内等避光处拌种，拌好晾干后应立即播完，并及时覆土。钾细菌肥料不能与过酸或过碱的肥料混合施用。当土壤中速效钾含量在26毫克/千克以下时，不利于钾细菌肥料肥效的发挥；当土壤中速效钾含量为50～75毫克/千克时，钾细菌的解钾能力可达到高峰。钾细菌的适宜温度为25～27℃，适宜pH为5.0～8.0。

3. 复合微生物肥料

复合微生物肥料是指两种或两种以上的有益微生物或一种有益微生物与营养物质复配而成的，能提供、保持或改善植物的营养，提高农产品产量或改善农产品品质的活体微生物制品。

(1) 复合微生物肥料的类型 复合微生物肥料一般有两种：

1）菌与菌的复合微生物肥料，可以是同一微生物菌种的复合（如大豆根瘤菌的不同菌系分别发酵，吸附时混合），也可以是不同微生物菌种的复合（如固氮菌、磷细菌、钾细菌等分别发酵，吸附时混合）。

2）菌与各种营养元素或添加物、增效剂的复合微生物肥料。采用的复合方式有：菌与大量元素复合、菌与微量元素复合、菌与稀土元素复合、菌与作物生长激素复合等。

(2) 复合微生物肥料的性质 复合微生物肥料可以增加土壤有机质，改善土壤中菌群的结构，并通过微生物的代谢物刺激植物生长，抑制有害病原菌。

目前，复合微生物肥料按剂型主要有液体、粉剂和颗粒3种。粉剂产品应松散；颗粒产品应无明显的机械杂质，大小均匀，具有吸水性。复合微生物肥料产品技术指标见表2-6。复合微生物肥料产品中无害化指标见表2-7。

表2-6 复合微生物肥料产品技术指标（NY/T 798—2015）

项目	剂型	
	液体	固体（粉剂、颗粒）
有效活菌数（cfu）①/[亿个/克（毫升）]	≥0.50	≥0.20
总养分（$N+P_2O_5+K_2O$）②（%）	6.0～20.0	8.0～25.0
有机质（以烘干基计）（%）	—	≥20.0
杂菌率（%）	≤15.0	≤30.0
水分（%）	—	≤30.0
pH	5.5～8.5	5.5～8.5

（续）

项　目	剂　型	
	液体	固体（粉剂、颗粒）
细度（%）	—	80.0
有效期[③]	≥3 个月	≥6 个月

① 含两种以上微生物的复合微生物肥料，每一种有效菌的数量不得少于0.01 亿个/克（毫升）。

② 总养分应为规定范围内的某一确定值，其测定值与标明值正负偏差的绝对值不应大于2.0%；各单一养分值应不少于总养分含量的15.0%。

③ 此项仅在监督部门或仲裁双方认为有必要时才检测。

表 2-7　复合微生物肥料产品无害化指标

参　数	限量指标
粪大肠菌群数/[个/克（毫升）]	≤100
蛔虫卵死亡率（%）	≥95
砷及其化合物（以 As 计）/(毫克/千克)	≤15
镉及其化合物（以 Cd 计）/(毫克/千克)	≤3
铅及其化合物（以 Pb 计）/(毫克/千克)	≤50
铬及其化合物（以 Cr 计）/(毫克/千克)	≤150
汞及其化合物（以 Hg 计）/(毫克/千克)	≤2

（3）复合微生物肥料的科学施用　适用于所有果树。

1）基肥。果树或林木施用，幼树每棵200 克环状沟施，成龄树每棵0.5 ~1 千克放射状沟施。可拌有机肥料施用，也可拌10 ~20 倍细土施用。

2）蘸根或灌根。每亩用肥2 ~5 千克兑水5 ~20 倍，移栽时蘸根或干栽后适当增加稀释倍数灌于根部。

3）冲施。根据不同果树每亩用1 ~3 千克复合微生物肥料与化肥混合，用适量水稀释后灌溉时随水冲施。

施肥歌谣

为方便施用生物肥料，可熟记下面的歌谣：

细菌肥料前景好，持续农业离不了；清洁卫生无污染，品质改善又增产；

掺混农肥效果显，解磷解钾又固氮；杀菌农药不能混，莫混过酸与过碱；

基肥追肥都适用，施后即用湿土埋；严防阳光来暴晒，莫将化肥来替代。

三、生物有机肥

生物有机肥是指特定功能的微生物与经过无害化处理、腐熟的有机物料（主要是动物排泄物和植物残体，如畜禽粪便、农作物秸秆等）复合而成的一类肥料，兼有生物肥料和有机肥料效应。

1. 产品技术指标

生物有机肥按功能微生物的不同可分为固氮生物有机肥、解磷生物有机肥、解钾生物有机肥、复合生物有机肥等。

（1）外观技术指标 粉剂产品应松散，无恶臭味；颗粒产品应无明显的机械杂质，大小均匀，无腐败味。

（2）技术指标要求 有机质含量不低于40%，有效活菌数不少于0.2亿/克。水分、pH、粪大肠杆菌数、蛔虫卵死亡率、重金属含量等指标应符合复合微生物肥料指标要求。

2. 科学施用

生物有机肥在苹果生产上常用的施肥方法有以下两种：

（1）环状沟施法 对于幼年果树，距树干20~30厘米，绕树干开1个环状沟，施肥后覆土。基肥一般每亩施用量为50~100千克。

（2）放射状沟施 对于成龄果树，距树干30厘米处，按果树根系伸展情况向四周开4~5个50厘米长的沟，施肥后覆土。基肥一般每亩施用量为200~400千克。

3. 注意事项

施用生物有机肥应注意以下几个问题：在高温、低温、干旱条件下不宜施用。生物有机肥中的微生物在25~37℃时活力最佳，低于5℃或高于45℃活力较差。生物有机肥中的微生物适宜的土壤相对含水量为60%~70%。生物有机肥不能与杀虫剂、杀菌剂、除草剂、含硫化肥、碱性化肥等混合施用。还应注意不要让阳光直射到生物有机肥上。生物有机肥在有机质含量较高的土壤中施用效果较好，在有机质含量较低的土壤中施用效果不佳。生物有机肥不能取代化肥，与化肥配合施用效果较好。

温馨提示

生物肥料对苹果树的五大作用

苹果树体内外都存在许多微生物，其中不少是有益的，可通过筛选并应用有益微生物为苹果树的生长发育、提高质量、增进抗性奠定

良好基础。生物肥料的主要作用有：一是改变根量，由细菌产生的吲哚乙酸（IAA）、赤霉素（GA）、细胞分裂素（CTK）使植物次生根增殖，增加有效根量；二是软化细胞壁，细菌产生的半聚糖醛酸转化酶（PATA）可软化根系细胞壁，从而促进营养吸收；三是产生转铁产物，细菌产生的转铁产物可聚合或螯合土壤中的铁，使之成为对苹果树更有效的物质；四是增加磷的有效性，细菌分泌出增强石灰性土壤中磷有效性的酸性物和螯合物；五是阻止病害，细菌改变根际环境，从而抑制根系病原体的竞争力。

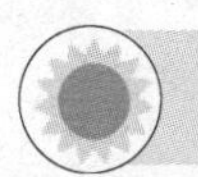

第三节　化学肥料

化学肥料，也称无机肥料，简称化肥，是用化学和（或）物理方法人工制成的含有一种或几种作物生长需要的营养元素的肥料。

一、大量元素肥料

大量元素肥料主要是氮肥、磷肥和钾肥，下面介绍几种常见品种的性质及施用技术。

1. 尿素

（1）基本性质　尿素为酰胺态氮肥，化学分子式为 $CO(NH_2)_2$，含氮量为45%~46%。尿素为白色或浅黄色结晶体，无味无臭，稍有清凉感；易溶于水，水溶液呈中性。尿素吸湿性强，但由于尿素在造粒中加入石蜡等疏水物质，因此肥料级尿素的吸湿性明显下降。尿素在造粒过程中，温度达到50℃时，便有缩二脲生成；当温度超过135℃时，尿素分解生成缩二脲。尿素中缩二脲含量超过2%时，就会抑制种子发芽，危害苹果树生长。

（2）科学施用　尿素适于用作基肥和追肥，一般不直接用作种肥。

1）基肥。用作基肥时，尿素的施用量应根据苹果树的种类、地力等因素来确定，一般每亩用量为20~40千克。苹果树对氮非常敏感，氮过多，易使营养生长过旺，影响坐果率。

2）追肥。用作追肥时，一般每亩用尿素10~20千克，可采用沟施或穴施，施肥深度为6~10厘米，施后覆土、盖严。尿素可用于苹果树灌溉施肥。

3）根外追肥。尿素最适宜用作根外追肥。一般苹果树叶面肥适宜施用0.3%~0.6%的尿素，每隔7~10天喷施1次，一般喷施2~3次。

（3）注意事项　尿素是生理中性肥料，适用于各种土壤。尿素在造粒中温度过高就会产生缩二脲甚至三聚氰酸等产物，对苹果树有抑制作用。缩二脲含量超过0.5%时不能用作叶面肥。尿素施用入土后，在脲酶作用下，不断水解转变为碳酸铵或碳酸氢铵，被苹果树吸收利用。尿素用作追肥时应提前4~8天施用。

施肥歌谣

为方便施用尿素，可熟记下面的歌谣：

尿素性平呈中性，各类土壤都适用；含氮高达四十六，根外追肥称英雄；

施入土壤变碳铵，然后才能大水灌；千万牢记要深施，提前施用最关键。

2. 碳酸氢铵

（1）基本性质　碳酸氢铵为铵态氮肥，又称重碳酸铵，简称碳铵。化学分子式为NH_4HCO_3，含氮量为16.5%~17.5%。碳酸氢铵为白色或微灰色粒状、板状或柱状结晶；易溶于水，水溶液呈碱性，pH为8.2~8.4；易挥发，有强烈的刺激性臭味。制造碳酸氢铵时常添加表面活性剂，适当增大粒度，降低含水量；包装要结实，防止塑料袋破损和受潮；贮存的库房要通风，不漏水，地面要干燥。

（2）科学施用　碳酸氢铵适于用作基肥，也可用作追肥，但要深施。用作基肥时，一般每亩用碳酸氢铵50~80千克，一般施肥深度为10~15厘米，施后立即覆土。用作追肥时，每亩用碳酸氢铵20~40千克，一般采用沟施与穴施，追施深度为7~10厘米。干旱季节追肥后立即灌水。

（3）注意事项　碳酸氢铵是生理中性肥料，适用于各种土壤。忌叶面喷施；忌与碱性肥料混用；忌与菌肥混用；必须深施，并立即覆土。

施肥歌谣

为方便施用碳酸氢铵，可熟记下面的歌谣：

碳酸氢铵偏碱性，施入土壤变为中；含氮十六到十七，露地果树都适宜；

高温高湿易分解，施用千万要深埋；牢记莫混钙镁磷，还有草灰人尿粪。

3. 硫酸铵

（1）基本性质　硫酸铵为铵态氮肥，简称硫铵，又称肥田粉，化学分子式为 $(NH_4)_2SO_4$，含氮量为20%～21%。硫酸铵为白色或浅黄色结晶，因含有杂质，呈浅灰色、浅绿色或浅棕色；易溶于水，水溶液呈中性；吸湿性弱，热反应稳定，是生理酸性肥料。

（2）科学施用　硫酸铵适宜用作基肥和追肥。用作基肥时，每亩用量为30～60千克，可撒施且随即翻入土中，或者开沟条施，但都应当深施覆土。用作追肥时，每亩用量为20～30千克，沟施效果好，施后覆土。对于沙壤土要少量多次施用。旱季施用硫酸铵，最好结合浇水。

（3）注意事项　硫酸铵适宜石灰性土壤。硫酸铵一般用于中性和碱性土壤，酸性土壤应谨慎施用。在酸性土壤中长期施用，应配施石灰和钙镁磷肥，以防土壤酸化。

施肥歌谣

为方便施用硫酸铵，可熟记下面的歌谣：

硫铵俗称肥田粉，氮肥以它做标准；含氮高达二十一，各种果树都适宜；

生理酸性较典型，最适土壤偏碱性；混合普钙变一铵，氮磷互补增效应。

4. 硝酸钙

（1）基本性质　硝酸钙为硝态氮肥，化学分子式为 $Ca(NO_3)_2$，含氮量为15%～18%。硝酸钙一般为白色或灰褐色颗粒；易溶于水，水溶液为碱性，吸湿性强，容易结块；肥效快，为生理碱性肥料。

（2）科学施用　硝酸钙宜用作追肥，也可以用作基肥。用作追肥时，一般每亩用量为30～60千克，沟施或穴施，深施覆土。用作基肥时，一般每亩用量为25～40千克，最好与有机肥料、磷肥和钾肥配合施用，环状或放射状沟施。

（3）注意事项　硝酸钙适合于酸性土壤，在缺钙的酸性土壤施用效果更好。硝酸钙贮存时要注意防潮。由于含钙，不要与磷肥直接混用；避免与未发酵的厩肥和堆肥混合施用。

施肥歌谣

为方便施用硝酸钙，可熟记下面的歌谣：

硝酸钙、又硝石，吸湿性强易结块；含氮十五生理碱，易溶于水呈弱酸；

各类土壤都适宜，最好施用缺钙田；盐碱土上施用它，物理性状可改善。

5. 过磷酸钙

过磷酸钙又称普通过磷酸钙、过磷酸石灰，简称普钙，其产量约占全国磷肥总产量的70%，是磷肥工业的主要基石。

（1）基本性质　过磷酸钙为磷酸一钙［$Ca(H_2PO_4)_2 \cdot H_2O$］和硫酸钙（$CaSO_4 \cdot 2H_2O$）的复合物，其中磷酸一钙的含量约为50%，硫酸钙约占40%，此外还有5%左右的游离酸，2%～4%的硫酸铁、硫酸铝。其有效磷（P_2O_5）含量为14%～20%。

过磷酸钙为深灰色、灰白色或浅黄色粉状物，或者制成粒径为2～4毫米的颗粒。其水溶液呈酸性，具有腐蚀性，易吸湿结块。由于硫酸铁、铝盐的存在，吸湿后，磷酸一钙会逐渐退化成难溶性磷酸铁、铝，从而失去有效性，这种现象称为过磷酸钙的退化作用，因此在贮运过程中要注意防潮。

（2）科学施用　过磷酸钙可以用作基肥和追肥。

1）基肥。对于速效磷含量低的土壤，一般每亩用量为50～80千克，宜沟施。最好与有机肥料混合施用，此时每亩用量为20～30千克，可采用沟施、穴施等方法。

2）追肥。一般每亩用量为20～30千克，以早施、深施、穴施或沟施的效果为好。

3）根外追肥。根外追肥可减少土壤对磷的吸附固定，也能提高经济效益。一般苹果树喷施1%～3%的过磷酸钙。方法是将过磷酸钙与水充分搅拌并放置过夜，取上层清液喷施。

（3）注意事项　过磷酸钙适宜大多数土壤。过磷酸钙不宜与碱性肥料混用，以免发生化学反应降低磷的有效性。贮存时要注意防潮，以免结块；要避免日晒雨淋，减少养分损失。运输时车上要铺垫耐磨的垫板和篷布。

施肥歌谣

为方便施用过磷酸钙，可熟记下面的歌谣：

过磷酸钙水能溶，各种作物都适用；混沤厩肥分层施，减少土壤磷固定；

配合尿素硫酸铵，以磷促氮大增产；含磷十八性呈酸，运贮施用莫遇碱。

6. 重过磷酸钙

（1）基本性质　重过磷酸钙也称三料磷肥，简称重钙，主要成分是磷酸二氢钙［$Ca(H_2PO_4)_2 \cdot H_2O$］，有效磷（P_2O_5）含量为42%~46%。重过磷酸钙一般为深灰色颗粒或粉状，性质与过磷酸钙类似。粉末状重过磷酸钙易吸潮、结块；含游离磷酸4%~8%，呈酸性，腐蚀性强。颗粒状重过磷酸钙商品性好，使用方便。

（2）科学施用　重过磷酸钙宜用作基肥、追肥，施用量比过磷酸钙减少一半以上，施用方法同过磷酸钙。

1）基肥。对于速效磷含量低的土壤，一般每亩用量为20~30千克，宜沟施、分层施。与有机肥料混合时，每亩用量为10~15千克，可采用沟施、穴施等方法。

2）追肥。一般每亩用量为10~20千克，以早施、深施、穴施或沟施的效果为好。

3）根外追肥。根外追肥可减少土壤对磷的吸附固定，也能提高经济效益。一般苹果树喷施0.5%~1%的重过磷酸钙。方法是将重过磷酸钙与水充分搅拌并放置过夜，取上层清液喷施。浸出液也可用作灌溉施肥。

（3）注意事项　重过磷酸钙适宜大多数土壤。产品易吸潮结块，贮运时要注意防潮、防水，避免结块损失。

施肥歌谣

为方便施用重过磷酸钙，可熟记下面的歌谣：

过磷酸钙名加重，也怕铁铝来固定；含磷高达四十六，俗称重钙呈酸性；

用量掌握要灵活，它与普钙用法同；由于含磷比较高，不宜拌种蘸根苗。

7. 钙镁磷肥

（1）基本性质　钙镁磷肥的主要成分是磷酸三钙，含五氧化二磷、氧化镁、氧化钙、二氧化硅等成分，无明确的分子式和分子量。有效磷

(P_2O_5) 含量为14%~20%。钙镁磷肥由于生产原料及方法不同，成品呈灰白色、浅绿色、墨绿色、灰绿色、黑褐色等，粉末状，不吸潮、不结块，无毒、无臭，没有腐蚀性；不溶于水，溶于弱酸，物理性状好，呈碱性反应。

（2）科学施用 钙镁磷肥多用作基肥。施用时要深施、均匀施，使其与土壤充分混合。每亩用量为50~100千克，也可采用一年60~120千克、隔年施用的方法。钙镁磷肥与有机肥料混施有较好效果，但应堆沤1个月以上，沤好后的肥料可用作基肥、种肥。

（3）注意事项 钙镁磷肥适宜缺磷的酸性土壤，特别是南方酸性红壤。钙镁磷肥不能与酸性肥料混用，不要直接与过磷酸钙、氮肥等混合施用，但可分开施用。钙镁磷肥为细粉产品，若用纸袋包装，在贮存和搬运时要轻挪轻放，以免破损。

施肥歌谣

为方便施用钙镁磷肥，可熟记下面的歌谣：

钙镁磷肥水不溶，溶于弱酸属枸溶；果树根系分泌酸，土壤酸液也能溶；

含磷十八呈碱性，还有钙镁硅锰铜；酸性土壤施用好，石灰土壤不稳定；

施用应作基肥使，一般不做追肥用；五十千克施一亩，用前堆沤肥效增。

8. 硫酸钾

（1）基本性质 硫酸钾的分子式为K_2SO_4，含钾（K_2O）量为48%~50%，含硫（S）量约为18%。硫酸钾一般呈白色、浅黄色或粉红色结晶，易溶于水，物理性状好，不易吸湿结块，是化学中性、生理酸性肥料。

（2）科学施用 硫酸钾可用作基肥、追肥和根外追肥。用作基肥时，一般每亩用量为20~30千克，应深施覆土，减少钾的固定。用作追肥时，一般每亩用量为10~15千克，应集中条施或穴施到根系较密集的土层；沙壤土一般易追肥。叶面施用时，硫酸钾可配成2%~3%的溶液喷施，也可用于灌溉施肥。

（3）注意事项 硫酸钾适宜各种土壤。硫酸钾在酸性土壤、水田上应与有机肥料、石灰配合施用，不宜在通气不良的土壤上施用。硫酸钾施用时不宜贴近作物根系。

施肥歌谣

为方便施用硫酸钾，可熟记下面的歌谣：

硫酸钾，较稳定，易溶于水性为中；吸湿性小不结块，生理反应呈酸性；

含钾四八至五十，基种追肥均可用；集中条施或穴施，施入湿土防固定；

酸土施用加矿粉，中和酸性又增磷；石灰土壤防板结，增施厩肥最可行。

9. 钾镁肥

（1）基本性质　钾镁肥一般为硫酸钾镁形态，化学分子式为 $K_2SO_4 \cdot MgSO_4$，含钾（K_2O）量在22%以上。除了含钾外，还含有镁11%以上、硫22%以上，因此是一种优质的钾、镁、硫多元素肥料，近几年推广施用前景很好。钾镁肥为白色、浅灰色结晶，也有浅黄色或肉色相杂的颗粒，易溶于水，弱碱性，易吸潮，物理性状较好，属于中性肥料。

（2）科学施用　钾镁肥可用作基肥、追肥，施用方法同硫酸钾。用作基肥时，一般每亩用量为50～80千克，应深施、集中施、早施。用作追肥时，每亩用量为20～30千克，可沟施、穴施，施用时避免与苹果树的幼根直接接触，以防伤根。

（3）注意事项　钾镁肥特别适用于苹果树，适合各种土壤，特别适合南方缺镁的红黄壤地区。钾镁肥多为双层袋包装，在贮存和运输过程中要防止受潮、破包。钾镁肥还可以作为复合肥料、复混肥料、配方肥料的原料，进行二次加工。

施肥歌谣

为方便施用钾镁肥，可熟记下面的歌谣：

钾镁肥、为中性，吸湿性强水能溶；含钾可达二十二，还含硫肥和镁肥；

用前最好要堆沤，适应酸性红土地；忌氯作物不宜用，千万莫要做种肥。

10. 钾钙肥

（1）基本性质　钾钙肥也有称钾钙硅肥，化学分子式为 $K_2SO_4 \cdot (CaO \cdot SiO_2)$，含钾（$K_2O$）量在4%以上。除了含钾外，还含有氧化钙4%以上、可溶性硅（SiO_2）20%以上、氧化镁（MgO）4%左右。烧结法生产的产品为浅蓝色带绿色的多孔小颗粒，呈碱性，溶于水；生物法生产的产品为褐色或黑褐色粉粒状或颗粒状，属中性肥料。

（2）科学施用　钾钙肥一般用作基肥和早期追肥，一般每亩用量为60~100千克。与农家肥混合施用效果更好，施用后立即覆土。

（3）注意事项　烧结法产品适用于酸性土壤；生物法产品适用于干旱地区墒情好的土壤。生物法产品不宜在旱田和干旱地区墒情不好的土壤中使用，也不能与过酸过碱的肥料混合使用。钾钙肥应贮存在阴凉、干燥、通风的库房内，不宜露天堆放。

施肥歌谣

为方便施用钾钙肥，可熟记下面的歌谣：

钾钙肥，强碱性，酸性土壤最适用；褐色粉粒易溶水，各种果树都适用；

含钾只有四至五，性状较好便运输；含有二八硅钙镁，有利抗病与抗逆。

二、中量元素肥料

在苹果树生长过程中，需要量仅次于氮、磷、钾，但比微量元素肥料需要量大的营养元素肥料称为中量元素肥料，主要是含钙、镁、硫等元素的肥料。

1. 含钙肥料

（1）主要石灰物质　石灰是最主要的钙肥，包括生石灰、熟石灰、碳酸石灰等。

1）生石灰又称烧石灰，主要成分为氧化钙，通常用石灰石烧制而成，多为白色粉末或块状，呈强碱性，具有吸水性，与水反应产生高热，并转化成粒状的熟石灰。生石灰中和土壤酸性能力很强，施入土壤后，可在短期内矫正土壤酸度。此外，生石灰还有杀虫、灭草和土壤消毒的功效。

2）熟石灰又称消石灰，主要成分为氢氧化钙，由生石灰吸湿或加水处理而成，多为白色粉末，溶解度大于石灰石粉，呈碱性反应，施用时不产生热，是常用的石灰。熟石灰中和土壤酸度能力也很强。

3）碳酸石灰的主要成分为碳酸钙，是由石灰石、白云石或贝壳类磨碎而成的粉末，不易溶于水，但溶于酸，中和土壤酸度能力缓效而持久。碳酸石灰比生石灰加工简单，节约能源，成本低而改土效果好，同时不板结土壤，淋溶损失小，后效长，增产作用大。

（2）主要石膏物质　石膏既可为苹果树提供钙、硫养分，又是碱土

化学改良剂。农用石膏有生石膏、熟石膏和磷石膏3种。

1）生石膏即普通石膏，俗称白石膏，主要成分是二水硫酸钙。它由石膏矿直接粉碎而成，呈粉末状，微溶于水，粒细有利于溶解，改土效果也好，通常以过60目筛（孔径约为0.25毫米）为宜。

2）熟石膏又称雪花石膏，主要成分是1/2水硫酸钙，由生石膏加热脱水而成，吸湿性强，吸水后又变成生石膏，物理性质变差，施用不便，宜贮存在干燥处。

3）磷石膏的主要成分是$CaSO_4 \cdot Ca_3(PO_4)_2$，是硫酸分解磷矿石制取磷酸后的残渣，是生产磷铵的副产品。其成分因产地而异，一般含硫（S）量为11.9%，含磷（P_2O_5）2%左右。

（3）石灰科学施用　石灰多用作基肥，也可用作追肥。

1）基肥。一般结合整地时，将石灰与农家肥一起施入土壤，也可结合绿肥压青和稻草还田进行。一般每亩施用石灰30~50千克，沟施或穴施。如果用于改土，一般每亩用量为150~250千克。

2）追肥。用作追施时，以条施或穴施为佳，每亩追施石灰15~20千克。

施用石灰时应注意，不要过量，否则会降低土壤肥力，引起土壤板结。石灰还要施用均匀，否则会造成局部土壤中石灰过多，影响作物生长。石灰不能与氮、磷、钾、微肥等一起混合施用，一般先施石灰，几天后再施其他肥料。石灰肥料有后效，一般隔3~5年施用1次。

施肥歌谣

为方便施用石灰，可熟记下面的歌谣：

钙质肥料施用早，常用石灰与石膏；主要调节土壤用，改善土壤理化性；

有益繁殖微生物，直接间接都可供；石灰可分生与熟，适宜改良酸碱土；

施用不仅能增钙，还能减少病虫害；亩施掌握百千克，莫混普钙人粪尿。

（4）石膏科学施用

1）改良碱地。一般土壤中氢离子浓度在1纳摩尔/升以下（pH在9以上）时，需要石膏中和碱性，其用量视土壤交换性钠的含量来确定。交换性钠占土壤阳离子总量5%以下时，不必施用石膏；占10%~20%时，适量施用石膏；占20%以上时，石膏施用量要加大。

石膏多用作基肥，结合灌溉排水施用。一般每亩用量为100～200千克。施用石膏时要尽可能研细，石膏溶解度小，后效长，不必年年施用。如果碱土呈斑状分布，其碱斑面积不足15%时，石膏最好撒在碱斑面上。

磷石膏含氧化钙少，但价格便宜，并含有少量磷素，也是较好的碱土改良剂。其用量以比石膏多施1倍为宜。

2）作为钙、硫营养施用。旱地基施撒施于土表，再结合翻耕，也可用作基肥条施或穴施，一般用作基肥时每亩用量为20～25千克，用作追肥时每亩用量为15～20千克。

石膏主要用于碱性土壤改良，或用于缺钙的沙质土壤、红壤、砖红壤等酸性土壤。石膏施用量要合适，过量施用会降低硼、锌等微量元素的有效性。石膏施用要配合有机肥料施用，还要考虑钙与其他营养离子间的相互平衡。

施肥歌谣

为方便施用石膏，可熟记下面的歌谣：

石膏性质为酸性，改良碱土土壤用；无论磷石与生熟，都含硫钙二元素；

碱土亩施百千克，深耕灌排利改土；基施亩二十千克，追施亩少五千克。

2. 含镁肥料

（1）含镁肥料的种类与性质 农业上应用的镁肥有水溶性镁肥和微溶性镁肥。

1）水溶性镁肥。水溶性镁肥主要有氯化镁、硝酸镁、七水硫酸镁、一水硫酸镁、硫酸钾镁等，其中以七水硫酸镁和一水硫酸镁应用最为广泛。

农业生产上常用的泻盐实际上是七水硫酸镁，化学分子式为$MgSO_4 \cdot 7H_2O$，易溶于水，稍有吸湿性，吸湿后会结块。水溶液为中性，属生理酸性肥料。目前，80%以上用作农肥。硫酸镁是一种双养分优质肥料，硫、镁均为苹果树的中量元素，不仅可以增加苹果树产量，而且可以改善果实的品质。

2）微溶性镁肥。微溶性镁肥主要有氧化镁、钙镁磷肥、菱镁矿、光卤石、钾镁肥、硅镁钾肥、白云石烧制的生石灰等，其中以白云石烧制的生石灰、菱镁矿、钾镁肥等应用广泛，这些镁肥主要用于酸性土壤，既调整了酸度，也补充了镁。

（2）镁肥的施用原则

1）镁肥优先施用在缺镁的土壤上。在酸性土、高淋溶的土壤、沼泽土、沙质土上易发生缺镁，施用镁肥效果较好。一般土壤中交换性镁饱和度低于4%，需要补充镁肥。酸性土壤缺镁时以施用菱镁矿、白云石粉效果良好；碱性土壤宜施氯化镁或硫酸镁。镁肥的肥效与土壤中有效镁的含量有密切关系，土壤酸性强、质地粗、淋溶强、母质中含镁少时容易缺镁。

2）镁肥施于需镁较多的作物上。蔬菜、葡萄、烟草、果树及禾谷类作物对镁有良好的反应。镁肥对甜菜、橡胶、油橄榄、可可等也有效果。

3）按镁肥的种类选择施用。各种镁肥的酸碱性不同，对土壤的酸碱度的影响也不一样，如在红壤上镁肥的效果顺序为：碳酸镁＞硝酸镁＞氧化镁＞硫酸镁。水溶性镁肥宜用作追肥，微溶性镁肥宜用作基肥。每亩用镁（Mg）量为2～3千克。

（3）硫酸镁的科学施用　硫酸镁作为肥料，可用作基肥和追肥。用作基肥、追肥时应与铵态氮肥、钾肥、磷肥及有机肥料混合施用，有较好的效果。用作基肥时，每亩用量为20～40千克。

追肥应根据苹果树缺镁形态症状表现，确定是否施用。苹果树每株穴施0.25千克。用作叶面追肥时，喷施1%～2%硫酸镁；柑橘等可在成果期施用，效果较好。

施肥歌谣

为方便施用硫酸镁，可熟记下面的歌谣：

硫酸镁，名泻盐，无色结晶味苦咸；易溶于水为速效，酸性缺镁土需要；

基肥追肥均可用，配施有机肥效高；四十千克亩基施，叶面喷肥百分二。

3. 含硫肥料

（1）含硫肥料的种类与性质　含硫肥料种类较多，大多数是氮、磷、钾及其他肥料的成分，如硫酸镁、硫酸铵、硫酸钾、过磷酸钙、硫酸钾镁等，但只有石膏、硫黄被作为硫肥施用。

农用硫黄（S）的含硫量为95%～99%，难溶于水，施入土壤经微生物氧化为硫酸盐后被植物吸收，肥效较慢但持久。农用硫黄必须100%通过16目（孔径约为1.0毫米）筛，50%通过100目（孔径约为0.15毫米）筛。

（2）硫肥的科学施用

1）施用量。主要根据作物的需要量和土壤缺硫程度来确定。一般而言，缺硫土壤每亩施硫（S）量为1.5～3千克，一般每亩施石膏10千克、硫黄2千克，即可满足当季苹果树对硫的需求。

2）硫肥品种选择。硫酸铵、硫酸钾及含微量元素的硫酸盐等含硫肥料是作物易于吸收的硫形态。普通过磷酸钙、石膏也是常用的硫肥，施用时着眼于硫素的作用，同时也要考虑带入其他元素引起的不平衡问题。施用硫黄，需要经过微生物分解后才能有效，其肥效受土壤温度、酸碱度和硫黄颗粒大小的影响，一般颗粒细的硫黄粉效果较好。

3）施用时间。硫肥要早施，可以拌和碎土后撒施，随耕地翻入土中，还可以拌和土杂肥用作蘸秧根肥料。苹果树在临近生殖生长期时是需硫高峰，因此硫肥应在生殖生长期前施用，作为基肥施用较好。

排水不良的土壤中，硫酸根被还原为硫化氢，对植物产生危害，应注意排除。

三、微量元素肥料

对于苹果树来说，含量介于0.2～200毫克/千克（按干物重计）的必需营养元素称为微量营养元素，主要有锌、硼、锰、钼、铜、铁、氯7种，由于氯在自然界中比较丰富，未发现苹果树缺氯症状，因此一般不用作肥料施入。

1. 硼肥

（1）硼肥的主要种类与性质　硼是应用最广泛的微量元素之一。目前生产上常用的硼肥主要有硼酸、硼砂、硬硼钙石、五硼酸钠、硼钠钙石、硼镁肥等，其中最常用的是硼酸和硼砂。

1）硼酸的化学分子式为H_3BO_3，白色结晶，含硼（B）量为17.5%，冷水中溶解度较低，热水中较易溶解，水溶液呈微酸性。硼酸为速溶性硼肥。

2）硼砂的化学分子式为$Na_2B_4O_7 \cdot 10H_2O$，白色或无色结晶，含硼（B）量为11.3%，冷水中溶解度较低，热水中较易溶解。

在干燥条件下，硼砂失去结晶水而变成白色粉末状，即无水硼砂（四硼酸钠），易溶于水，吸湿性强，称为速溶硼砂。

（2）科学施用　土壤中水溶性硼的含量低于0.25毫克/千克时为严重缺硼，低于0.55毫克/千克时为缺硼，施用硼肥都有显著的增产效果。土

壤中水溶性硼的含量在0.5～1毫克/千克时较为适量，能满足多数苹果树对硼的需要；1～2毫克/千克时有效硼含量偏高，多数苹果树不会缺硼；超过2毫克/千克时，一般应注意防止硼中毒。

硼肥主要用作基肥、根外追肥。用作基肥时，可与氮肥、磷肥配合施用，也可单独施用。每棵苹果树土施硼砂100～150克。用作根外追肥时，苹果树施硼以喷施为主，喷施0.2%～0.3%硼砂或0.1%～0.2%硼酸，在花蕾期和盛花期各喷1次。肥料用量以布满树体或叶面为宜。

（3）注意事项 土施硼肥当季利用率为2%～20%，具有后效，施用后可持续3～5年不施。条施或撒施不均匀、喷洒浓度过大都有可能产生毒害，应慎重对待。

施肥歌谣

为方便施用硼肥，可熟记下面的歌谣：

常用硼肥有硼酸，硼砂已经用多年；硼酸弱酸带光泽，三斜晶体粉末白；

有效成分近十八，热水能够溶解它；四硼酸钠称硼砂，干燥空气易风化；

含硼十一性偏碱，适应各类酸性田；果树缺硼结果少，叶片厚皱色绿暗；

增施硼肥能增产，关键还需巧诊断；多数果树都需硼，叶面喷洒最适宜；

叶面喷洒作追肥，浓度千分二至三；用于基肥农肥混，每亩莫过一千克。

2. 锌肥

（1）锌肥的主要种类与性质 目前生产上用到的锌肥主要有硫酸锌、氯化锌、碳酸锌、螯合态锌、氧化锌、硝酸锌、尿素锌等，最常用的是硫酸锌。

硫酸锌，一般指七水硫酸锌，俗称皓矾，化学分子式为$ZnSO_4 \cdot 7H_2O$，含锌（Zn）量为20%～30%，无色斜方晶体，易溶于水，在干燥环境下会失去结晶水变成白色粉末。硫酸锌还有一水硫酸锌，化学分子式为$ZnSO_4 \cdot H_2O$，含锌（Zn）量为35%～36%，白色菱形结晶，易溶于水，有毒。

（2）科学施用 一般认为，缺锌主要发生在石灰性土壤；冷浸田、冬泡田、烂泥田也易发生缺锌；酸性土壤过量施用石灰或碱性肥料也易诱发作物缺锌；过量施用磷肥、新开垦土地、贫瘠沙土地等也容易缺锌。一般土壤中有效锌的含量低于0.3毫克/千克时，施用锌肥增产效果明显；0.3～0.5毫克/千克时为中度缺锌，施用锌肥增产效果显著；0.6～1毫克/千克时为轻度缺锌，施用锌肥也有一定增产效果；当超过1毫克/千克时，一般不需要施用锌肥。锌肥可以用作基肥和根外追肥。

1）用作基肥时，每亩施用1～2千克硫酸锌，可与生理酸性肥料混合施用。轻度缺锌地块隔1～2年再行施用，中度缺锌地块隔年或于第二年减量施用。

2）用作根外追肥时，苹果树可在萌芽前1个月喷施0.2%～0.3%硫酸锌溶液，萌发后喷施0.2%硫酸锌溶液，一年生枝条分2～3次或在初夏时喷施0.2%硫酸锌溶液。

（3）注意事项 用作基肥时，硫酸锌的每亩施用量不要超过2千克，喷施浓度不要过高，否则会引起毒害。施用时一定要撒施均匀、喷施均匀，否则效果欠佳。锌肥不能与碱性肥料、碱性农药混合，否则会降低肥效。锌肥有后效，不需要连年施用，一般隔年施用效果好。

施肥歌谣

为方便施用锌肥，可熟记下面的歌谣：

常用锌肥硫酸锌，按照剂型有区分；一种七水化合物，白色颗粒或白粉；

含锌稳定二十三，易溶于水为弱酸；二种含锌三十六，菱形结晶性有毒；

最适土壤石灰性，还有酸性沙质土；果树缺锌要诊断，酌情增锌能增产；

果树缺锌幼叶小，缺绿斑点连成片；亩施莫超两千克，混合农肥生理酸；

遇磷生成磷酸锌，不易溶水肥效减；果树常用根外喷，浓度百分零点三；

另有锌肥氯化锌，含锌较高四十八；最好锌肥螯合态，易溶于水肥效高。

3. 铁肥

（1）铁肥的主要种类与性质 目前生产上用到的铁肥主要有硫酸亚铁、三氯化铁、硫酸亚铁铵、尿素铁、螯合铁、柠檬酸铁、葡萄糖酸铁等品种，常用的品种是硫酸亚铁。

1）硫酸亚铁又称黑矾、绿矾，一般指七水硫酸亚铁，化学分子式为 $FeSO_4 \cdot 7H_2O$，含铁（Fe）量为19%~20%，为浅绿色或蓝绿色结晶，易溶于水，有一定的吸湿性。硫酸亚铁性质不稳定，极易被空气中的氧氧化为棕红色的硫酸铁，因此硫酸亚铁要放置于不透光的密闭容器中，并置于阴凉处存放。

2）螯合铁主要有乙二胺四乙酸铁（EDTA-Fe）、二乙烯三胺五乙酸铁（DTPA-Fe）、羟乙基乙二胺三乙酸铁（HEDHA-Fe）、乙二胺邻羟基苯乙酸铁（EDDHA-Fe）等。这类铁肥可适用的pH、土壤类型广泛，肥效高，可混性强。

3）羟基羧酸盐铁盐主要有氨基酸铁、柠檬酸铁、葡萄糖酸铁等。氨基酸铁、柠檬酸铁土施可促进土壤中铁的溶解吸收，还可促进土壤中钙、磷、铁、锰、锌的释放，提高铁的有效性，其成本低于EDTA铁类，可与许多农药混用，对作物安全。

（2）科学施用　石灰性土壤上的作物易发生缺铁失绿症；此外，高位泥炭土、沙质土、通气不良的土壤、富含磷或大量施用磷肥的土壤、有机质含量低的酸性土壤、过酸的土壤易发生缺铁。铁肥可用作基肥、根外追肥、注射施用等。

1）用作基肥时，一般施用硫酸亚铁，每亩用量为15~20千克；铁肥在土壤中易转化为无效铁，其后效弱，需要年年施用。

2）用作根外追肥时，一般选用硫酸亚铁或螯合铁等，苹果树喷施0.3%~0.4%硫酸亚铁或螯合铁，每隔7~10天喷1次，连喷3~4次。

3）树干注射时，可用0.3%~1.0%硫酸亚铁或螯合铁溶液注射到树干内，将注射针头插入树干，然后将输液瓶挂在树干上，让树体慢慢吸收。

4）树干埋藏施肥只用于多年生木本植物，如果树、林木等。在树干中部用直径1厘米左右的木钻，钻深1~3厘米向下倾斜的孔，穿过形成层至木质部，向孔内放置1~2克固体硫酸亚铁或螯合铁，孔口立即用油灰或橡胶泥或黄泥封固，外面再涂一层石蜡，防止雨水渗入、昆虫产卵和病菌滋生。

5）根灌施肥时，在作物根系附近开沟或挖穴，多年生果树深20~25厘米。每棵树木开沟或挖穴5~10个，将螯合铁溶液灌入沟或穴中，多年生作物每沟或每穴灌5~7升，待自然渗入土壤后即可覆土。

6）涂树干时，对1~3年生幼树或苗木，用毛刷将0.3%~1.0%螯合铁溶液环状刷涂在侧枝以下的主干上，刷涂宽度为20～30厘米。

7）局部富施铁肥时，将2～3千克硫酸亚铁或螯合铁与优质有机肥料100～150千克混合均匀，在成龄树冠下挖放射状沟5～7条，沟深25～30厘米，将混有铁肥的有机肥料分施入沟内，然后覆土。一年生作物在根系附近开沟，沟深15～20厘米，每亩施用混有铁肥的有机肥料500～1000千克。

施肥歌谣

为方便施用铁肥，可熟记下面的歌谣：

常用铁肥有黑矾，又名亚铁色绿蓝；含铁十九硫十二，易溶于水性为酸；

北方土壤多缺铁，直接施地肥效减；应混农肥人粪尿，用于果树大增产；

施用黑矾五千克，二百千克农肥掺；集中施于树根下，增产效果更可观；

为免土壤来固定，最好根外追肥用；亩需黑矾三百克，兑水一百千克整；

时间掌握出叶芽，连喷三次效果明；也可树干钻小孔，株塞两克入孔中；

还可针注果树干，浓度百分零点三；果树缺铁叶失绿，增施黑矾肥效速。

4. 锰肥

（1）锰肥的主要种类与性质 目前生产上用到的锰肥主要有硫酸锰、氧化锰、碳酸锰、氯化锰、硫酸铵锰、硝酸锰、锰矿泥、含锰矿渣、螯合态锰、氨基酸锰等，常用的锰肥是硫酸锰。

1）硫酸锰有一水硫酸锰和四水硫酸锰两种，化学分子式分别为$MnSO_4 \cdot H_2O$、$MnSO_4 \cdot 4H_2O$，含锰（Mn）量分别为31%和24%，都易溶于水。硫酸锰为浅玫瑰红色细小晶体，是目前常用的锰肥，速效。

2）氯化锰的化学分子式为$MnCl_2 \cdot 4H_2O$，含锰（Mn）量为27%，易溶于水，为浅粉红色晶体。

（2）科学施用 中性及石灰性土壤施用锰肥效果较好；沙质土、有机质含量低的土壤、干旱土壤等施用锰肥效果较好。锰肥可用作基肥、叶面喷施等。

1）用作基肥时，一般每亩用硫酸锰 2～4 千克，掺和适量农家肥或干细土 10～15 千克，沟施或穴施，施后覆土。

2）用于叶面喷施时，用 0.2%～0.3% 硫酸锰溶液在果树不同生长阶段 1 次或多次进行。苹果在花蕾期和盛花后各喷 1 次。

3）用作追肥时，可在早春进行，每棵果树用硫酸锰 200～300 千克（视树体大小而异），于树干周围施用，施后覆土。

（3）注意事项　锰肥应在施足基肥和氮肥、磷肥、钾肥等基础上施用。锰肥后效较差，一般采取隔年施用。

施肥歌谣

为方便施用锰肥，可熟记下面的歌谣：

常用猛肥硫酸锰，细小结晶浅红色；含锰二四至三一，易溶于水易风化；

果树缺锰叶肉黄，出现病斑烧焦状；严重全叶都失绿，叶脉仍绿特性强；

对照病态巧诊断，科学施用是关键；一般亩施三千克，生理酸性农肥混；

果树适宜叶面喷，千分之二就可用；对锰敏感果树多，葡萄柑橘桃苹果。

5. 铜肥

（1）铜肥的主要种类与性质　生产上用的铜肥有五水硫酸铜、碱式硫酸铜、氧化亚铜、氧化铜、含铜矿渣等，其中五水硫酸铜是最常用的铜肥。

五水硫酸铜，俗称胆矾、铜矾、蓝矾，化学分子式为 $CuSO_4 \cdot 5H_2O$，含铜（Cu）量为 25%～35%；深蓝色块状结晶或蓝色粉末；有毒、无臭，带金属味。五水硫酸铜常温下不潮解，于干燥空气中风化脱水成为白色粉末；能溶于水、醇、甘油及氨液，水溶液呈酸性。硫酸铜与石灰混合乳液称为波尔多液，是一种良好的杀菌剂。

（2）科学施用　有机质含量低的土壤，如山坡地、风沙土、沙姜黑土、西北某些瘠薄黄土等，其中有效铜的含量均较低，施用铜肥可取得良好效果。另外，石灰岩、花岗岩、砂岩发育的土壤也容易缺铜。常用的铜肥是五水硫酸铜，可以用作基肥、根外追肥。

1）基肥。五水硫酸铜用作基肥时，每亩用量为 1～2 千克，最好与其他生理酸性肥料配合施用，可与细土混合均匀后撒施、条施、穴施。

2）根外追肥。叶面喷施五水硫酸铜或螯合铜，用量少，效果好。一般选用0.1%～0.2%溶液，每亩喷施50～75千克。果园也可以和防治病虫害结合起来，喷施波尔多液，最适宜喷施时期是在每年的早春，即可防治病害，又可提供铜素营养。如果喷施螯合铜，用量可减少至1/3左右。

（3）注意事项　土壤施铜具有明显的长期后效，其后效可维持6～8年甚至12年，依据施用量与土壤性质，一般为每4～5年施用1次。

施肥歌谣

为方便施用铜肥，可熟记下面的歌谣：

目前铜肥有多种，溶水只有硫酸铜；五水含铜二十五，蓝色结晶有毒性；

果树缺铜顶叶簇，上部顶梢多死枯；认准缺铜才能用，多用基肥叶面喷；

基肥亩施一千克，可掺十倍细土混；根外喷洒浓度大，氢氧化钙加百克；

波尔多液防病害，常用浓度千分一；由于铜肥有毒性，浓度宁稀不要浓。

6. 钼肥

（1）钼肥的主要种类与性质　生产上用的钼肥有钼酸铵、钼酸钠、三氧化钼、含钼玻璃肥料、含钼矿渣等，其中钼酸铵是最常用的钼肥。

1）钼酸铵的化学分子式为$(NH_4)_6Mo_7O_{24}\cdot 4H_2O$，含钼（Mo）量为50%～54%，无色或浅黄色，棱形结晶，溶于水、强酸及强碱中，不溶于醇、丙酮；在空气中易风化失去结晶水和部分氨，高温分解形成三氧化钼。

2）钼酸钠的化学分子式为$Na_2MoO_4\cdot 2H_2O$，含钼量为35%～39%，白色结晶粉末，溶于水。

（2）科学施用　酸性土壤容易缺钼。酸性土壤上施用石灰可以提高钼的有效性。常用的钼酸铵可以用作基肥、根外追肥等。

1）用作基肥时，在播种前每亩用10～50克钼酸铵与常量元素肥料混合施用，或者喷涂在一些固体物料的表面，条施或穴施。由于钼肥价格昂贵，一般不用作基肥，多喷施。

2）用作根外追肥时，喷施0.05%～0.1%溶液，每亩喷液量为50～75千克。一般每隔7～10天喷施1次，共喷2～3次。

施肥歌谣

为方便施用钼肥，可熟记下面的歌谣：

常用钼肥钼酸铵，五十四钼六个氮；粒状结晶易溶水，也溶强碱及强酸；

太阳暴晒易风化，失去晶水以及氨；果树缺钼叶失绿，首先表现叶脉间；

基肥每亩五十克，严防施用超剂量；由于价格较昂贵，根外喷洒最适应；

还有钼肥钼酸钠，含钼有达三十九；白色晶体易溶水，酸地施用加石灰。

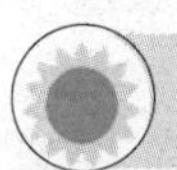

第四节　复合（混）肥料

复合（混）肥料是世界肥料工业的发展方向，其施用量已超过化肥总施用量的1/3。复合（混）肥料的作用是满足不同生产条件下苹果树对多种养分的综合需要和平衡。按其制造方法不同可分为复合肥料、复混肥料和掺混肥料3种类型。

一、复合肥料

一般真正意义上的复合肥料是指化学合成的化成复合肥料。其生产的基础原料主要是矿石或化工产品，工艺流程中有明显的化学反应过程，产品成分和养分浓度相对固定。这类肥料的物理、化学性质稳定，施用方便，有效性高，还可以作为复混肥料、掺混肥料的主要原料。

1. 磷酸铵系列

磷酸铵系列包括磷酸一铵、磷酸二铵、磷酸铵和聚磷酸铵，是氮、磷二元复合肥料。

(1) 基本性质　磷酸一铵的化学分子式为 $NH_4H_2PO_4$，含氮10%～14%、五氧化二磷42%～44%。磷酸一铵为灰白色或浅黄色颗粒或粉末，不易吸潮、结块，易溶于水，其水溶液为酸性，性质稳定，氨不易挥发。

磷酸二铵简称二铵，化学分子式为 $(NH_4)_2HPO_4$，含氮18%、五氧化二磷约46%。纯品为白色，一般商品外观为灰白色或浅黄色颗粒或粉末，易溶于水，水溶液为中性至偏碱性，不易吸潮、结块，相对于磷酸一铵，性质不太稳定，在湿热条件下，氨易挥发。

目前，用作肥料的磷酸铵系列产品实际是磷酸一铵、磷酸二铵的混合物，含氮12%～18%、五氧化二磷47%～53%。产品多为颗粒状，性质稳定，并加有防湿剂以防吸湿分解；易溶于水，水溶液呈中性。

（2）科学施用　磷酸铵系列产品可用作基肥、追肥，也可以叶面喷施。用作基肥、追肥时，一般每亩用量为20～40千克，可沟施或穴施，也可灌溉施肥。叶面喷施时，需要用水溶解后过滤，兑水配成0.5%～1%的溶液叶面喷施。

（3）注意事项　磷酸铵系列产品基本适合所有土壤。其不能和碱性肥料混合施用。第一年如果施用足够的磷酸铵系列产品，第二年一般无须再施磷肥，应以补充氮肥为主。施用磷酸铵系列产品的苹果树应补充施用氮、钾肥，同时应优先用在需磷较多的苹果树和缺磷土壤上。

施肥歌谣

为方便施用磷酸铵系列产品，可熟记下面的歌谣：

磷酸一铵：磷酸一铵性为酸，四十二磷十四氮。我国土壤多偏碱，适应尿素掺一铵。氮磷互补增肥效，省工省钱又高产。要想农民多受益，用它生产配方肥。

磷酸二铵：磷酸二铵性偏碱，四十六磷十八氮。国产二铵含量低，四十五磷氮十三。按理应施酸性地，碱地不如施一铵。施用最好掺尿素，随掺随用能增产。

磷酸铵：一铵二铵合磷铵，四十六磷十五氮。颗粒灰白呈中性，遇碱也能放出氮。适应各类土壤地，可用基肥和追肥。最适作物有麦稻，还有果树和蔬菜。

液体磷酸铵：生产液体磷酸铵，工艺简单成本廉。含氮有七磷二十，易溶于水性偏酸。悬浮性能比较好，没在腐蚀不沉淀。适应面广有前途，施用还需增加氮。

身边案例

农民注意：这个二铵是假的！

如图2-1所示，圈出的部分非有效钾的含量，真正的氧化钾化学符号是K_2O，说好听的这叫擦边球，说句不好听的，这个肥料就是假货，农民朋友们一定要注意，千万不要花高价买廉价的化肥。又到农忙之际，一定要提高防骗意识，不要上当受骗。

如图2-2所示，这个所谓的64%磷酸二铵，实际并不是真正的二铵，众所周知64%磷酸二铵是氮含量为18%、五氧化二磷含量为46%的二元复合肥，那么图2-2中这个所谓的二铵的氮含量为12%，五氧化二磷含量仅为23%，居然把镁和硫的含量也加到一起，称之为总成分大于或等于64%，这种擦边球实属有些不厚道。

图2-1　假二胺

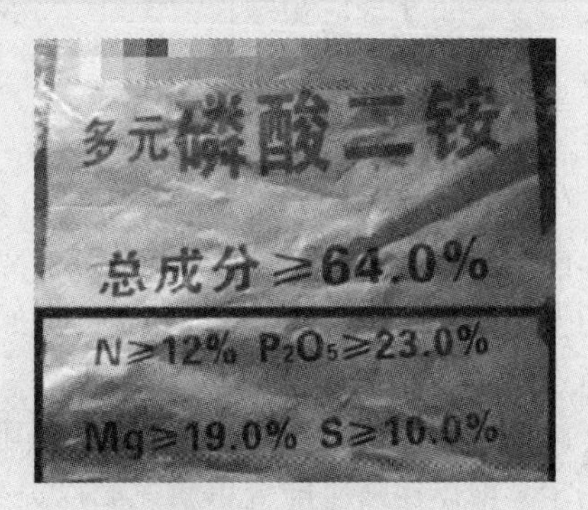

图2-2　假磷酸二铵

农民朋友们一定要把眼睛擦亮，总成分和总养分，虽然只有一字之差，可真正的含义却是天壤之别。

2. 硝酸磷肥

（1）基本性质　硝酸磷肥的生产工艺有冷冻法、碳化法、硝酸-硫酸法，因而其产品组成也有一定差异。硝酸磷肥的主要成分是磷酸二钙、硝酸铵、磷酸一铵，另外还含有少量的硝酸钙、磷酸二铵，含氮13%~26%、五氧化二磷12%~20%。冷冻法生产的硝酸磷肥中有效磷的75%为水溶性磷、25%为弱酸溶性磷；碳化法生产的硝酸磷肥中磷基本都是弱酸溶性磷；硝酸-硫酸法生产的硝酸磷30%~50%为水溶性磷。硝酸磷肥一般为灰白色颗粒，有一定吸湿性，部分溶于水，水溶液呈酸性。

（2）科学施用　硝酸磷肥主要用作基肥和早期追肥。用作基肥时条施、深施效果较好，每亩用量为30~50千克。硝酸磷肥一般在底肥不足的情况下用作追肥。

（3）注意事项　硝酸磷肥含有硝酸根，容易助燃和爆炸，在贮存、运输和施用时应远离火源，如果肥料出现结块现象，应用木棍将其击碎，不能使用铁锹拍打，以防爆炸伤人。硝酸磷肥呈酸性，适宜施用在北方石灰质的碱性土壤中，不适宜施用在南方酸性土壤中。硝酸磷肥含硝态氮，容易随水流失。硝酸磷肥用作追肥时应避免根外喷施。

施肥歌谣

为方便施用硝酸磷肥，可熟记下面的歌谣：

硝酸磷肥性偏酸，复合成分有磷氮；二十六氮十三磷，最适中低旱作田；

由于含有硝态氮，最好施用在旱田；莫混碱性肥料用，贮运施用严加管。

3. 硝酸钾

（1）基本性质 硝酸钾的分子式为 KNO_3，含氮13%、氧化钾46%。纯净的硝酸钾为白色结晶，粗制品略带黄色，有吸湿性，易溶于水，为化学中性、生理中性肥料。硝酸钾在高温下易爆炸，属于易燃易爆物质，在贮运、施用时要注意安全。

（2）科学施用 硝酸钾适宜用作追肥，一般每亩用量为10～15千克，如用于其他作物则应配合单质氮肥以提高肥效。硝酸钾也可用作根外追肥，适宜用量为0.6%～1%。在干旱地区还可以与有机肥料混合作为基肥施用，每亩用量为10千克。

（3）注意事项 硝酸钾属于易燃易爆品，生产成本较高，所以用作肥料的比重不大。运输、贮存和施用时要注意防高温，切忌与易燃物接触。

施肥歌谣

为方便施用硝酸钾，可熟记下面的歌谣：

硝酸钾，称火硝，白色结晶性状好；不含其他副成分，生理中性好肥料；

硝态氮素易淋失，莫施水田要牢记；果树宜做基追肥，葡萄西瓜肥效高；

四十六钾十三氮，根外追肥效果好；以钾为主氮偏低，补充氮磷配比调。

4. 磷酸二氢钾

（1）基本性质 磷酸二氢钾是含磷、钾的二元复合肥，分子式为 KH_2PO_4，含五氧化二磷52%、氧化钾35%，灰白色粉末，吸湿性小，物理性状好，易溶于水，是一种很好的肥料，但价格高。

（2）科学施用 磷酸二氢钾可用作基肥、追肥和种肥。因其价格高，多用于根外追肥和浸种。磷酸二氢钾喷施量为0.1%～0.3%，在作物生

殖生长期开始时使用；浸种用量为0.2%。

目前推广的磷酸二氢钾的超常量施用技术为：苹果秋施基肥时，将磷酸二氢钾均匀施入，覆盖后浇水1次，用量可根据树龄大小，每棵树用量为500～1000克；在初花、幼果期分别喷施1次磷酸二氢钾溶液，每亩每次施用磷酸二氢钾800克兑水60千克喷施；膨大期喷施2～4次，每亩每次用量为1200克兑水100千克喷施。

（3）注意事项　磷酸二氢钾在苹果树上主要用于叶面喷施。磷酸二氢钾和一些氮素化肥、微肥及农药等做到合理配合，进行混施，可节省劳力，增加肥效和药效。

施肥歌谣

为方便施用磷酸二氢钾，可熟记下面的歌谣：

复肥磷酸二氢钾，适宜根外来喷洒；内含五十二个磷，还有三十五个钾；

一亩土地百余克，提前成熟果粒大；还能抵御干热风，改善品质味道佳。

5. 磷铵系列复混肥料

在磷酸铵生产基础上，为了平衡氮、磷的比例，加入单一氮肥品种，便形成磷酸铵系列复混肥料，主要有尿素磷酸盐、硫磷铵、硝磷铵等。

（1）基本性质　尿素磷酸盐有尿素磷铵、尿素磷酸二铵等。尿素磷酸铵含氮17.7%，含五氧化二磷44.5%。尿素磷酸二铵养分含量有37-17-0、29-29-0、25-25-0等。

硫磷铵是将氨通入磷酸与硫酸的混合液制成的，含有磷酸一铵、磷酸二铵和硫酸铵等成分，含氮16%，含磷（P_2O_5）20%，为灰白色颗粒，易溶于水，不吸湿，易贮存，物理性状好。

硝磷铵的主要成分是磷酸一铵和硝酸铵，养分含量有25-25-0、28-14-0等品种。

（2）科学施用　磷铵系列复混肥料可用作基肥、追肥，适宜多种果树和土壤。

6. 三元复合肥

（1）铵磷钾　铵磷钾是用硫酸钾和磷酸盐按不同比例混合而成或磷酸铵加钾盐制成的三元复合肥料，一般有12-24-12、12-20-15、10-30-10等品种。铵磷钾的物理性质很好，养分均为速效，易被作物吸收，适宜多种果树和土壤，可用作基肥和追肥。

施肥歌谣

为方便施用铵磷钾，可熟记下面的歌谣：

三元复肥铵磷钾，磷铵硫钾两相加；也有外加硫酸铵，产品可分一二三；

一号氮钾各十二，含磷可达二十四。二号含氮有十二，含钾十五磷二十。

三号氮钾都是十，含磷高达整三十。按照作物需肥律，多用果树经济地。

（2）尿磷铵钾　尿磷铵钾养分含量多为28-14-14，可以用作基肥、追肥和种肥，适宜多种果树和土壤。

施肥歌谣

为方便施用尿磷铵钾，可熟记下面的歌谣：

尿素钾磷调三元，氮磷钾肥养料全；生产是用硝酸钾，熔合尿素和二铵。

含磷含钾各十四，还有二十八个氮；硝氮四来铵氮六，另有十八为酰胺。

由于三氮样样全，重用果树经济田；又因氮磷二比一，更适中等小麦地。

（3）磷酸尿钾　磷酸尿钾是硝酸分解磷矿时，加入尿素和氯化钾制得的，氮、磷、钾的比例为1:0.7:1，可以用作基肥、追肥，适宜多种果树和土壤。

施肥歌谣

为方便施用磷酸尿钾，可熟记下面的歌谣：

硝酸磷中加入钾，可产四种硝磷钾；一是冷冻硝磷钾，三素含量不上下；

含氮十五磷十六，还有十七氧化钾。二是碳酸硝磷钾，含氮十五钾十八；

含磷有九多枸溶，酸性土壤很适应；二氧化碳代硫酸，降低成本价低廉。

三是磷酸硝磷钾，三个十七肥效大。以上三种均含氯，千万莫用烟蔗薯。

四是无氯硝磷钾，硫钾代替氯化钾；由于生产成本高，经济作物才用它。

二、复混肥料

复混肥料是将两种或多种单质化肥，或者用一种复合肥料与几种单质化肥，通过物理混合的方法制得的不同规格即不同养分配比的肥料。物理加工过程包括粉碎后再混拌、造粒，也包括将各种原料高温熔融后再造粒。目前主要有三大工艺：粉料混合造粒法、料浆造粒法和熔融造粒法。

1. 复混肥料的类型

按对作物的用途划分，可分为专用肥和通用肥两种。

（1）专用肥　专用肥是针对不同作物对氮、磷、钾三元素的需求规律而生产出氮、磷、钾含量和比例差异的复混肥料。目前常用的品种有果树专用肥［9-7-9（Fe）］等。专用肥一般用作基肥。

（2）通用肥　通用肥是大的生产厂家为了保持常年生产或在不同的用肥季节交替时加工的产品，主要品种有15-15-15、10-10-10、8-8-9等。通用肥适宜各种作物和土壤，一般用作基肥。

2. 常见复混肥料的性质与科学施用

（1）硝铵-磷铵-钾盐复混肥系列　该系列复混肥可用硝酸铵、磷铵或过磷酸钙、硫酸钾或氯化钾等混合制成，也可在硝酸磷肥基础上配入磷铵、硫酸钾等进行生产。产品执行《复混肥料（复合肥料）》（GB 15063—2009），养分含量有10-10-10（S）或15-15-15（Cl）。由于该系列复混肥含有部分硝基氮，可被植物直接吸收利用，肥效快，磷素的配置比较合理，速缓兼容，表现为肥效长久，可作为种肥施用，不会发生肥害。

该系列复混肥呈浅褐色颗粒状，氮素中有硝态氮和铵态氮，磷素中30%~50%为水溶性磷，50%~70%为枸溶性磷，钾素为水溶性；有一定的吸湿性，应注意防潮结块。

该系列复混肥一般用作基肥和早期追肥，每亩用量为40~60千克。

（2）磷酸铵-硫酸铵-硫酸钾复混肥系列　该系列复混肥主要有铵磷钾肥，是用磷酸一铵或磷酸二铵、硫酸铵、硫酸钾按不同比例混合而生产的三元复混肥料，产品执行《复混肥料（复合肥料）》（GB 15063—2009），养分含量有12-24-12（S）、10-20-15（S）、10-30-10（S）等多种。也可以在尿素磷酸铵或氯铵普钙的混合物中再加氯化钾，制成单氯或双氯三元复混肥料，但不宜在烟草上施用。

铵磷钾肥的物理性状良好，易溶于水，易被作物吸收利用，主要用作基肥，也可用作早期追肥，每亩用量为40~60千克。目前主要用在忌氯

果树上，施用时可根据需要选用一种适宜的比例，或者在追肥时用单质肥料进行调节。

（3）尿素-过磷酸钙-氯化钾复混肥系列 该系列复混肥是用尿素、过磷酸钙、氯化钾为主要原料生产的三元系列复混肥料，总养分含量在28%以上，还含有钙、镁、铁、锌等中量和微量元素，产品执行《复混肥料（复合肥料）》（GB 15063—2009）。

该产品为灰色或灰黑色颗粒，不起尘，不结块，便于装卸和施用，在水中会发生崩解。应注意防潮、防晒、防重压，开包施用最好一次用完，以防吸潮结块。

该产品适用于瓜果等作物，一般用作基肥和早期追肥，但不能直接接触种子和作物根系。用作基肥时，一般每亩用量为50~60千克；用作追肥时，一般每亩用量为10~15千克。

（4）尿素-钙镁磷肥-氯化钾复混肥系列 该系列复混肥是用尿素、钙镁磷肥、氯化钾为主要原料生产的三元系列复混肥料，产品执行《复混肥料（复合肥料）》（GB 15063—2009）。由于尿素产生的氨在和碱性的钙镁磷肥充分混合的情况下，易产生挥发损失，因此在生产上采用酸性黏结剂包裹尿素工艺技术，既可降低颗粒肥料的碱性度，施入土壤后又可减少或降低氮素的挥发损失和磷、钾素的淋溶损失，从而进一步提高肥料的利用率。

该产品含有较多的营养元素，除含有氮、磷、钾外，还含有6%左右的氧化镁、1%左右的硫、20%左右的氧化钙、10%以上的二氧化硅，以及少量的铁、锰、锌、钼等微量元素。其物理性状良好，吸湿性小。

该产品适用于瓜果等作物，特别适用于南方酸性土壤。一般用作基肥，但不能直接接触种子和作物根系。用作基肥时，一般每亩用量为50~60千克。

（5）尿素-磷酸铵-硫酸钾复混肥系列 该系列复混肥用尿素、磷酸铵、硫酸钾为主要原料生产的三元复混肥料，属于无氯型氮磷钾三元复混肥，其总养分含量在54%以上，水溶性磷的含量在80%以上，产品执行《复混肥料（复合肥料）》（GB 15063—2009）。

该产品有粉状和粒状两种。粉状肥料外观为灰白色或灰褐色均匀粉状物，不易结块，除了部分填充料外，其他成分均能在水中溶解。粒状肥料外观为灰白色或黄褐色粒状，pH为5~7，不起尘，不结块，便于装、运和施肥。该产品主要作为基肥和追肥施用，用作基肥时，一般每亩用量为40~50千克；用作追肥时，一般每亩用量为10~15千克。

(6) 含微量元素的复混肥　生产含微量元素的复混肥的品种有如下原则：要有一定数量的基本微量元素种类，满足种植在缺乏微量元素的土壤上作物的需要；微量元素的形态要适合所有的施用方法。

1）含锰复混肥料是用尿素磷铵钾、磷酸铵和高浓度无机混合肥等，在造粒前加入硫酸锰，或者将硫酸锰事先与一种肥料混合，再与其他肥料混合，经造粒而制成的。主要品种有：含锰尿素磷铵钾，18-18-18-1.5（Mn）；含锰硝磷铵钾，17-17-17-1.3（Mn）；含锰无机混合肥料，18-18-18-1.0（Mn）；含锰磷酸一铵，12-52-0-3.0（Mn）。

含锰复混肥料一般用作基肥，撒施时每亩用量为20~30千克，条施时每亩用量为10~15千克，主要用在缺锰土壤和对锰敏感的果树上。

2）含硼复混肥料是将硝磷铵钾肥、尿素磷铵钾肥、磷酸铵及高浓度无机混合肥等在造粒前加入硼酸，或者将硼酸事先与一种肥料混合，再与其他肥料混合，经造粒而制成的。主要品种有：含硼尿素磷铵钾，18-18-18-0.20（B）；含硼硝磷铵钾，17-17-17-0.17（B）；含硼无机混合肥料，16-24-16-0.2（B）；含硼磷酸一铵，12-52-0-0.17（B）。

含硼复混肥料一般用作基肥，撒施时每亩用量为20~30千克，穴施时每亩用量为6~10千克，主要用在缺硼土壤和对硼敏感的果树上。

3）含钼复混肥料，是硝磷钾肥、磷钾肥（重过磷酸钙+氯化钾或过磷酸钙+氯化钾）同钼酸铵的混合物。含钼硝磷钾肥是向磷酸中添加钼酸铵进行中和，或者进行氨化、造粒而制成的。主要品种有：含钼硝磷钾肥，17-17-17-0.5（Mo）；含钼重过磷酸钙+氯化钾，0-27-27-0.9（Mo）；含钼过磷酸钙+氯化钾，0-15-15-0.5（Mo）。

含钼复混肥料一般用作基肥，撒施时一般每亩用量为20~30千克，穴施时每亩用量为5~8千克。

4）含铜复混肥料，是用尿素、氯化钾和硫酸铜为原料所制成的氮-钾-铜复混肥料，含氮14%~16%、氧化钾34%~40%、铜0.6%~0.7%。一般可用在泥炭土和其他缺铜的土壤上，用作基肥或播种前用作种肥，每亩用量为20~30千克。

5）含锌复混肥料，是以磷酸铵为基础制成的氮-磷-锌肥和氮-磷-钾-锌肥，含氮12%~13%、五氧化二磷50%~60%、锌0.7%~0.8%，或氮18%~21%、五氧化二磷18%~21%、氧化钾18%~21%、锌0.3%~0.4%。含锌复混肥料适用于对锌敏感的作物和缺锌土壤，一般用作基肥，撒施时一般每亩用量为20~30千克，穴施时每亩用量为5~10千克。

三、掺混肥料

掺混肥料又称配方肥、BB 肥，是以两种以上粒径相近的单质肥料或复合肥料为原料，按一定比例，通过简单的机械掺混而成的肥料，是各种原料的混合物。这种肥料一般是农户根据土壤养分状况和作物需要随混随用。

掺混肥料的优点是生产工艺简单，操作灵活，生产成本较低，养分配比适应微域调控或具体田块作物的需要。与复合肥料和复混肥料相比，掺混肥料在生产、贮存、施用等方面有其独特之处。

掺混肥料一般是针对当地作物和土壤而生产的，因此要因土壤、作物而施用，一般用作基肥。

身边案例

复混肥料“五花八门”，哪个更忽悠人？

肥料市场混乱，果农受害多。一些厂商利用果农不懂肥料知识，故意在包装上做手脚，以此来迷惑果农，不少果农为追求含量高低，而忽略肥料的性质，给一些不法厂商制造可乘之机。不少果农买肥料只图价格便宜，往往会上当受骗。彩图 1 ~ 彩图 8 中的肥料在包装标识或其他方面存在问题，果农在购买时一定要注意！

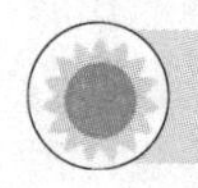

第五节　新型肥料

新型肥料是指利用新方法、新工艺生产的，具有复合高效、全营养控释、环境友好等特点的一类肥料的总称。主要类型有缓控释肥料、新型水溶肥料、新型复混肥料等。这里主要讲述常用的新型氮肥和新型复混肥料。

一、新型氮肥

1. 脲醛类肥料的科学施用

脲醛类肥料是由尿素和醛类在一定条件下反应制成的有机微溶性缓释性氮肥。

(1) 脲醛类肥料的种类和标准　目前主要有脲甲醛、异丁叉二脲、丁烯叉二脲、脲醛缓释复合肥等，其中最具代表性的产品是脲甲醛。脲甲醛不是单一化合物，是由链长与分子量所不同的甲基尿素混合而成的，主要有未反应的少量尿素、羟甲基脲、亚甲基二脲、二亚甲基三脲、三亚甲

基四脲、四亚甲基五脲、五亚甲基六脲等缩合物，其全氮（N）含量大约为38%；有固体粉状、片状或粒状，也可以是液体形态。

脲醛缓释复合肥是以脲醛树脂为核心原料的新型复合肥料。该肥料在不同温度下分解速度不同，满足作物不同生长期的养分需求，养分利用率高达50%以上，肥效是同含量普通复合肥的1.6倍以上。该肥料无外包膜、无残留，养分释放完全，减轻养分流失和对土壤水源的污染。

我国于2010年颁布了化工行业标准《脲醛缓释肥料》（HG/T 4137—2010），并于2011年3月1日起实施。脲醛缓释肥料的技术要求见表2-8；对含有部分脲醛肥料的复混肥料的技术要求见表2-9。

表2-8　脲醛缓释肥料的技术要求

项　　目		指　　标		
		脲甲醛	异丁叉二脲	丁烯叉二脲
总氮（TN）的质量分数（%）	≥	36.0	28.0	28.0
尿素氮（UN）的质量分数（%）	≤	5.0	3.0	3.0
冷水不溶性氮（CWIN）的质量分数（%）	≥	14.0	25.0	25.0
热水不溶性氮（HWIN）的质量分数（%）	≤	16.0	—	—
缓释有效氮的质量分数（%）	≥	8.0	25.0	25.0
活性系数（AD）	≥	40	—	—
水（H_2O）的质量分数①（%）	≤	3.0		
粒度（1.00～4.75毫米或3.35～5.60毫米）②	≥	90		

① 对于粉状产品，水的质量分数≤5.0%。

② 对于粉状产品，粒度不做要求，特殊形状或更大颗粒（粉状除外）产品的粒度可由供需双方协议确定。

表2-9　含有部分脲醛缓释肥料的复混肥料的技术要求

项　　目	指　　标
缓释有效氮［以冷水不溶性氮（CWIN）计］的质量分数①（%）	≥标明值
总氮（TN）的质量分数②（%）	≥18.0
中量元素单一养分（以单质计）的质量分数③（%）	≥2.0
微量元素单一养分（以单质计）的质量分数④（%）	≥0.02

① 肥料为单一氮养分时，缓释有效氮［以冷水不溶性氮（CWIN计）］的质量分数不应小于4.0%；肥料养分为两种或两种以上时，缓释有效氮［以冷水不溶性氮（CWIN计）］的质量分数不应小于2.0%，应注明缓释氮的形式，如脲甲醛、异丁叉二脲、丁烯叉二脲。

② 该项目仅适用于含有一定量脲醛缓释肥料的缓释氮肥。

③ 包装容器标明含有钙、镁、硫时检测该项指标。

④ 包装容器标明含有铜、铁、锰、锌、硼、钼时检测该项指标。

（2）脲醛类肥料的特点 脲醛类肥料的特点主要表现在以下5个方面：

1）可控。根据作物的需肥规律，通过调节添加剂含量的方式可以任意设计并生产不同释放期的缓释肥料。

2）高效。养分可根据作物的需求释放，需求多少释放多少，大大减少养分的损失，提高肥料的利用率。

3）环保。养分向环境散失少，同时包壳可完全生物降解，对环境友好。

4）安全。较低盐分指数不会烧苗伤根。

5）经济。可一次施用，整个生育期均发挥肥效，同时较常规施肥可减少用量，节肥、节约劳动力。

（3）脲醛类肥料的选择和施用 脲醛类肥料只适合用作基肥，除了草坪和园林外，如果在苹果树上施用，应适当配合速效水溶性氮肥。

2. 稳定性肥料的科学施用

稳定性肥料是指在生产过程中加入了脲酶抑制剂和（或）硝化抑制剂，施入土壤后能通过脲酶抑制剂抑制尿素的水解，和（或）通过硝化抑制剂抑制铵态氮的硝化，使肥效期得到延长的一类含氮（含酰胺态氮/铵态氮）肥料，包括含氮的二元或三元肥料和单质氮肥。

（1）稳定性肥料的主要类型 稳定性肥料包括含硝化抑制剂和脲酶抑制剂的缓释产品，如添加双氰胺、3，4-二甲基吡唑磷酸盐、正丁基硫代磷酰三胺、对苯二酚（氢醌）等抑制剂的稳定性肥料。

目前，脲酶抑制剂的主要类型有：一是磷胺类，如环乙基磷酸三酰胺、硫代磷酰三胺、磷酰三胺、N-丁基硫代磷酰三胺、N-丁基磷酰三胺等，主要官能团为$P=O$或$S=PNH_2$。二是酚醌类，如对苯醌、醌氢醌、蒽醌、菲醌、1，4-对苯二酚、邻苯二酚、间苯二酚、苯酚、甲酚（甲苯酚）、苯三酚、茶多酚等，其主要官能团为酚羟基醌基。三是杂环类，如六酰氨基环三磷腈、硫代吡啶类、硫代吡唑-N-氧化物、N-卤-2-咪唑艾杜烯、N，N-二卤-2-咪唑艾杜烯等，主要特征是均含有—N=及含—O—基团。

硝化抑制剂的原料有：含硫氨基酸（甲硫氨酸等）、其他含硫化合物（二甲基二硫醚、二硫化碳、烷基硫醇、乙硫醇、硫代乙酰胺、硫代硫酸、硫代氨基甲酸盐等）、硫脲、烯丙基硫脲、烯丙基硫醚、双氰胺、吡唑及其衍生物等。

（2）稳定性肥料的特点 稳定性肥料采用了尿素控释技术，可以使

氮肥的有效期延长到60～90天，有效时间长；稳定性肥料有效地抑制了氮素的硝化作用，可以提高氮肥利用率10%～20%，40千克稳定性控释型尿素相当于50千克普通尿素。

（3）稳定性肥料的施用　稳定性肥料可以用作基肥和追肥，施肥深度为7～10厘米，种肥隔离7～10厘米。用作基肥时，将总施肥量折纯氮的50%施用稳定性肥料，另外50%施用普通尿素。

施用稳定性肥料时应注意：由于稳定性肥料速效性慢，持久性好，需要较普通肥料提前3～5天施用；稳定性肥料的肥效可达到60～90天，常见蔬菜、大田作物一季施用1次就可以，注意配合施用有机肥料，效果理想；如果是作物生长前期，以长势为主的话，需要补充普通氮肥；各地的土壤墒情、气候、土壤质地不同，需要根据作物的生长状况进行肥料补充。

3. 增值尿素的科学施用

增值尿素是指在基本不改变尿素生产工艺的基础上，增加简单设备，向尿液中直接添加生物活性类增效剂所生产的尿素增值产品。增效剂主要是指利用海藻酸、腐殖酸和氨基酸等天然物质经改性获得的、可以提高尿素利用率的物质。

（1）增值尿素的产品要求　增值尿素产品具有产能高、成本低、效果好的特点。增值尿素产品应符合以下原则：含氮（N）量不低于46%，符合尿素产品含氮量的国家标准；可建立添加增效剂的增值尿素质量标准，具有常规的可检测性；微量但高效，添加量为0.05%～0.5%；工艺简单，成本低；为天然物质及其提取物或合成物，对环境、作物和人体无害。

（2）增值尿素的主要类型　目前，市场上的增值尿素产品主要有以下7种：

1）木质素包膜尿素。木质素是一种含有许多负电基团的多环高分子有机物，对土壤中的高价金属离子有较强的亲和力。木质素比表面积大，质轻，作为载体与氮、磷、钾、微量元素混合，养分利用率可达80%以上，肥效可持续20周之久；无毒，能降解，能被微生物降解成腐殖酸，可以改善土壤理化性质，提高土壤的通透性，防止土壤板结；在改善肥料的水溶性、降低土壤中脲酶的活性、减少有效成分被土壤组分固持及提高磷的活性等方面有明显效果。

2）腐殖酸尿素。腐殖酸与尿素通过科学工艺进行有效复合，可以使尿素具有缓释性，并通过改变尿素在土壤中的转化过程和减少氮素的损失，改善养分的供应，从而提高氮肥利用率45%以上。例如，锌腐酸尿素，是在每吨尿素中添加锌腐酸增效剂 10~50 千克，颜色为棕色至黑色，腐殖酸含量不低于 0.15%，腐殖酸沉淀率不高于 40%，含氮量不低于 46%。

3）海藻酸尿素。利用尿素常规生产工艺过程中，添加海藻酸增效剂（含有海藻酸、吲哚乙酸、赤霉素、萘乙酸等）生产的增值尿素，可促进作物根系生长，提高根系活力，增强作物吸收养分的能力；可抑制土壤脲酶活性，降低尿素的氨挥发损失；发酵海藻增效剂中的物质与尿素发生反应，通过氢键等作用力延缓尿素在土壤中的释放和转化过程；海藻酸尿素还可以起到抗旱、抗盐碱、耐寒、杀菌和提高产品品质等作用。海藻酸尿素是在每吨尿素中添加海藻酸增效剂 10~30 千克，颜色为浅黄色至浅棕色，海藻酸含量不低于 0.03%，含氮量不低于 46%，尿素残留差异率不低于 10%，氨挥发抑制率不低于 10%。

4）禾谷素尿素。在尿素常规生产工艺过程中，添加禾谷素增效剂（以天然谷氨酸为主要原料经聚合反应而生成）生产的增值尿素，其中谷氨酸是作物体内多种氨基酸合成的前体，在作物生长过程中起着至关重要作用；谷氨酸在作物体内形成的谷氨酰胺，贮存氮素并能消除因氨浓度过高产生的毒害作用。因此，禾谷素尿素可促进作物生长，改善氮素在作物体内的贮存形态，降低氨对作物的危害，提高养分利用率，可补充土壤的微量元素。禾谷素尿素，是在每吨尿素中添加禾谷素增效剂 10~30 千克，颜色为白色至浅黄色，含氮量不低于 46%，谷氨酸含量不低于 0.08%，氨挥发抑制率不低于 10%。

5）纳米尿素。在尿素常规生产工艺过程中，添加纳米碳生产的增值尿素，纳米碳进入土壤后能溶于水，使土壤的 EC 值增加 30%，可直接形成 HCO_3^-，以质流的形式进入根系，进而随着水分的快速吸收，携带大量的氮、磷、钾等养分进入作物体内合成叶绿体和线粒体，并快速转化为生物能淀粉粒，因此纳米碳起到生物泵作用，增加作物根系吸收养分和水分的潜能。每吨纳米尿素成本只增加 200~300 元，在高产条件下可节肥 30% 左右，每亩综合成本下降 20%~25%。

6）多肽尿素。在尿素溶液中加入金属蛋白酶，经蒸发器浓缩造粒而成。酶是生物发育成长不可缺少的催化剂，因为生物体进行新陈代谢的所有化学反应，几乎都是在生物催化剂酶的作用下完成的。多肽是涉及生物体内各种细胞功能的生物活性物质。肽键是氨基酸在蛋白质分子中的主要连接方式，肽键金属离子化合而成的金属蛋白酶具有很强的生物活性，酶鲜明地体现了生物的识别、催化、调节等功能，可激化化肥，促进化肥分

子活跃。金属蛋白酶可以被作物直接吸收，因此可节省作物在转化微量元素中所需要的“体能”，大大促进作物的生长发育。经试验，施用多肽尿素，作物一般可提前5～15天成熟（玉米提前5天左右，棉花提前7～10天，西红柿提前10～15天），并且可以提高化肥利用率和作物品质等。

7）微量元素增值尿素。在熔融的尿素中添加2%硼砂和1%硫酸铜的大颗粒尿素，便是微量元素增值尿素。试验表明，含有硼、铜的尿素可以减少尿素中氮损失，既能使尿素增效，又能使作物得到硼、铜等微量元素营养，提高产量。硼、铜等微量元素能使尿素增效的机理是：硼砂和硫酸铜有抑制脲酶的作用及抑制硝化和反硝化细菌的作用，从而提高尿素中氮的利用率。

（3）增值尿素的施用　理论上，增值尿素可以和普通尿素一样，应用在所有适合施用尿素的作物上，但是不同的增值尿素其施用时期、施用量、施用方法等是不一样的，施用时需注意以下事项：

1）施用时期。木质素包膜尿素不能和普通尿素一样，只能作为基肥一次性施用。其他增值尿素可以和普通尿素一样，既可以用作基肥，也可以用作追肥。

2）施肥量。增值尿素可以提高氮肥利用率10%～20%，因此，施用量可比普通尿素减少10%～20%。

3）施肥方法。增值尿素不能像普通尿素那样表面撒施，应当采取沟施、穴施等方法，并应适当配合有机肥、普通尿素、磷钾肥及中、微量元素肥料施用。增值尿素不适合作为叶面肥施用，也不适合作为冲施肥及在滴灌或喷灌水肥一体化中施用。

身边案例

增值尿素应用效果显著

增值尿素使尿素具有缓释的特性，肥效延长，利用率提高，实现产品绿色环保、质量国际化和规格多样化，成为未来肥料发展的主要方向之一。各种增值尿素在全国各地试验表明，增产效果明显。

黑龙江省农业委员会组织专家对硫包衣缓释尿素示范项目的田间鉴评结果表明，在每亩施用20千克硫包衣缓释尿素且不追肥的情况下，玉米产量为1.21吨，相比普通尿素可增产6.1%。袁隆平主持的国家杂交水稻工程技术中心的超级杂交稻节氮高产试验也取得了增产10%的效果。

中国农业科学院德州实验站在禹城市安仁镇赵集村“郑单958”夏玉米上进行肥效试验，同时与附近农田设置大田进行对比，结果显示，与普通尿素相比，在等量施肥的情况下，施用双酶尿素的玉米能增产6.6%。施用双酶尿素的作物品质也有了较大改善，表现为小麦面筋增加，果蔬中果糖、氨基酸等含量提高，口感好，色泽美，耐贮存。

农田试验表明：与施用等氮量尿素相比，腐殖酸尿素可使冬小麦增产8.1%~13.2%，夏玉米增产9.1%~15.7%，棉花增产6.2%~17.5%，蔬菜增产15.7%~29.7%，果树增产10.7%~14.2%；氮肥利用率比普通尿素提高了15%~19%。

稳定性尿素技术具有肥效期长、养分利用率高、平稳供给养分、增产效果明显的优点。在东北、华中、西南、西北及长江流域等22个省进行了应用，生产的稳定性专用肥料有60多个品种，应用作物涉及玉米、水稻、大豆、小麦、棉花等30多种，平均每亩增产165.25千克，增产率达14.7%。

二、新型复混肥料

新型复混肥料是在无机复混肥的基础上添加有机物、微生物、稀土、沸石等填充物而制成的一类复混肥料。

1. 有机无机复混肥料

有机无机复混肥料是以无机原料为基础，填充物采用烘干鸡粪、经过处理的生活垃圾、污水处理厂的污泥及草炭、蘑菇渣、氨基酸、腐殖酸等有机物质，然后经造粒、干燥后包装而成的。

有机无机复混肥料的施用：一是用作基肥。旱地宜全耕层深施或条施；水田是先将肥料均匀撒在耕翻前的湿润土面，耕翻入土后灌水，耕细耙平。二是用作种肥。可采用条施或穴施，将肥料施于种子下方3~5厘米，防止烧苗；如用作拌种，可将肥料与1~2倍细土拌匀，再与种子搅拌，随拌随播。

温馨提示

有机无机复混肥料综合了有机肥料和无机肥料的特点，是未来肥料行业的一个重要发展方向，其消除了有机肥料和无机肥料的弱点，将

有机肥料和无机肥料各自的优点集中于一个载体，经过分析比较，有机无机复混肥料具有以下突出优势：

（1）养分供应平衡，肥料利用率高　有机无机复混肥料既含有有机成分又含有无机成分，因此其综合了有机肥料与无机肥料的优点。肥料中来源于无机肥料的速效养分在有机肥料的调节下，对作物供养呈现出快而不猛的特点，而来源于有机肥料的缓效性养分又能保证肥料养分持久供应。二者结合使肥料具有缓急相济、均衡稳定的特点，达到了平衡、高效的供肥目的。

（2）改善土壤环境，活化土壤养分　有机无机复混肥料具有养地的功能，因为有机无机复混肥料中含有大量有机质，可以起到改善土壤理化和生物性状的作用。通过这些生物化学作用，可以活化土壤中氮、磷、钾、硼、锌、锰等养分。一方面，有机无机复混肥料可增强土壤中微生物的活性，促进有机质的分解和矿物态磷、钾的有效激活，以及各种养分的均衡释放；另一方面，有机无机复混肥料可在一定程度上调节土壤的pH，使土壤pH处于有利于大多数养分活化的范围。

（3）有机无机复混肥料具有生理调节作用　由于有机无机复混肥料中的有机成分含有相当数量的生理活性物质，因此，它除了具有供给作物营养的作用外，还具有独特的生理调节作用，可促进作物根的呼吸和养分吸收作用及叶面的光合作用等，为作物的生长发育提供有力保障。

2. 稀土复混肥料

稀土复混肥料是将稀土制成固体或液体的调理剂，以加入0.3%硝酸稀土的量配入生产复混肥的原料而生产的复混肥料。施用稀土复混肥料不仅可以起到叶面喷施稀土的作用，还可以对土壤中一些酶的活性有影响，对作物的根有一定的促进作用。施用方法同一般复混肥料。

3. 功能性复混肥料

功能性复混肥料是具有特殊功能的复混肥料的总称，是指适用于某一地域的某种（或某类）特定作物的肥料，或者含有某些特定物质、具有某种特定作用的肥料，目前主要是与农药、除草剂等结合的一类专用药肥。

（1）除草专用药肥　除草专用药肥因其生产简单、适用，又能达到高效除草和增加作物产量的目的，受到农民的欢迎。但不足之处是目前产品种类少，功能过于专一，因此在制定配方时应根据主要作物、土壤肥力、草害情况等综合因素来考虑。

除草专用药肥的作用机理主要有：施用该种药肥后能有效杀死多种杂草，有除杂草并吸收土壤中养分的作用，使土壤中有限的养分供作物吸收利用，从而使作物增产；有些药肥是以包衣剂的形式存在的，客观上造成肥料中的养分缓慢释放，有利于提高肥料的利用率；除草专用药肥在作物生长初期有一定的抑制作用，而后期又有促进作用，还能增强作物的抗逆能力，使作物提高产量；除草专用药肥施用后，在一定时间内能抑制土壤中的氨化细菌和真菌的繁殖，但能使部分固氮菌的数量增加，因此降低了氮肥的分解速度，使肥效延长，提高土壤富集氮的能力，提高氮肥利用率。

除草专用药肥一般专肥专用，如小麦除草专用药肥不能施用到水稻、玉米等其他作物上。目前一般为基肥剂型，也可以生产追肥剂型。施用量一般按作物正常施用量即可，也可按照产品说明书操作。一般应在作物播种前或插秧前或移栽前施用。

（2）防治线虫和地下害虫的无公害药肥 张洪昌等人研制发明了防治线虫和地下害虫的无公害药肥，并获得国家发明专利。该药肥是选用烟草秸秆及烟草加工下脚料，或者辣椒秸秆及辣椒加工下脚料，或者菜籽饼，配以尿素、磷酸一铵、钾肥等肥料，并添加氨基酸螯合微量元素肥料、稀土及有关增效剂等生产而成的。

产品中氮、磷、钾等总养分含量大于20%，有机质含量大于50%，微量元素含量大于0.9%，腐殖酸及氨基酸含量大于4%，有效活菌数为0.2亿个/克，pH为5~8，水分含量小于20%。该产品能有效消除韭蛆、蒜蛆、黄瓜根结线虫、甘薯根瘤线虫、地老虎、蛴螬等，同时具有抑菌功能，还可促进作物生长，提高品质，增产增收。

该类肥料一般每亩用量为1.5~6千克，用作基肥时可与生物有机肥料或其他基肥拌匀后同施；沟施、穴施时可与20倍以上的生物有机肥料混匀后施入，然后覆土浇水。灌根时，可将产品用清水稀释1000~1500倍，灌于作物根部，灌根前将作物基部土壤耙松，使药液充分渗入。也可冲施，将产品用水稀释300倍左右，随灌溉水冲施，每亩用量为5~6千克。

（3）防治枯黄萎病的无公害药肥 该药肥追施剂型是利用含动物胶质蛋白的屠宰场废弃物，豆饼粉、植物提取物、中草药提取物、生物提取物，水解助剂、硫酸钾、磷酸铵和中、微量元素，以及添加剂、稳定剂、助剂等加工生产而成的。基施剂型是利用氮肥、重过磷酸钙、磷酸一铵、钾肥、中

量元素、氨基酸螯合微量元素、稀土、有机原料、腐殖酸钾、发酵草炭、发酵畜禽粪便、生物制剂、增效剂、助剂、调理剂等加工生产而成的。

利用液体或粉剂产品对棉花、瓜类、茄果类蔬菜等种子进行浸种或拌种后再播种，可彻底消灭种子携带的病菌，预防病害发生；利用颗粒剂型产品作为基肥，既能为作物提供养分，还能杀灭土壤中病原菌，减少作物枯黄萎病、根腐病、土传病等危害；在作物生长期施用液体剂型进行叶面喷施，既能增加作物产量，还能预防病害发生；施用粉剂或颗粒剂产品追肥，既能快速补充作物营养，还能防治枯黄萎病、根腐病等病害；当作物发生病害后，在发病初期用液体剂型产品进行叶面喷施，同时灌根，3 天左右可抑制病害蔓延，4～6 天后病株可长出新根新芽。

该药肥追施剂型主要用于叶面喷施或灌根。叶面喷施是将产品兑水稀释 800～2000 倍，喷雾至株叶湿润；同时灌根，每株 200～500 毫升。

该药肥基施剂型一般每亩用量为 2～5 千克。用作基肥时可与生物有机肥料或其他基肥拌匀后同施。沟施、穴施可与 20 倍以上的生物有机肥料混匀后施入，然后覆土浇水。

（4）生态环保复合药肥 该药肥是选用多种有机物料为原料，经酵素菌发酵或活化处理，配入以腐殖酸为载体的综合有益生物菌剂，再添加适量的氮、磷、钾、钙、镁、硫、硅肥及微量元素、稀土等而生产的产品。一般含氮、磷、钾总养分含量 25% 以上，中、微量元素总含量 10% 以上，有机质含量 20% 以上，氨基酸及腐殖酸总含量 6% 以上，有效活菌数 0.2 亿个/克，pH 5.5～8。

该产品适用于蔬菜、瓜类、果树、棉花、花生、烟草、茶树、小麦、大豆、玉米、水稻等作物。可用作基肥，也可穴施、条施、沟施，施用时可与有机肥料混合施用。一般每亩用量为 50～70 千克。果树根据树龄施用，一般每棵用量为 3～7 千克，可与有机肥料混合施用。

身边案例

药肥有哪些优点？

（1）省钱，环保 我们目前使用的复混肥，即使是 18-18-18，在生产过程都有接近 3%～5% 的填料（没有肥效的东西）。而这 3%～5% 的填料，用农药取代，可以带来如下的好处：

1）可以节省农药的包装物、填料，也可以节省农药与肥料的重复运输，对用户来说，可以省钱。

2）由于很多农药的助剂多为二甲苯、石粉等，这些对环境有污染，而药肥可以大大减少助剂的用量，对环境的污染大大减少。

(2) 节省人工　农药在实际使用中，往往是把其加土或与沙混合，再与复混肥（或尿素）混合。在混合过程要找土或沙，一些农田旁边不一定有合适的干燥的土，农民需到较远的地方去取，这样给农民带来很大麻烦。

(3) 提升农药和肥料的使用效果　农药在实际使用中，往往将农药加土或沙混合，再与复混肥（或尿素）混合。在混合过程又要找土或沙，一些农田旁边不一定有合适的干燥的土或沙，农民需要到较远的地方去取，这样给农民带来很大麻烦。而药肥经过加工一般比较均匀，并添加作物紧缺的微量元素，提升了效果，又减少了药害的发生概率。

(4) 减少中毒机会　一些农药的毒性很高，农民在混合过程中缺少必要的防护知识，经常发生中毒现象，而工业化的药肥已经把农药与肥料有机结合在一起，加工后的毒性大大减弱。

(5) 增效效果好　由于农民使用传统方法，不会考虑加入中、微量元素，而药肥中一般会针对地区和作物加入一些中、微量元素，针对有的作物，还可以加入一些害虫的引诱剂、稳定剂等成分，确保农药和肥料的效果。

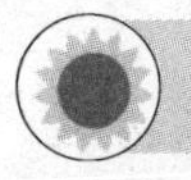

第六节　水溶性肥料

近年来，随着我国节水农业和水肥一体化技术的发展，新型水性溶肥料逐渐得到重视，农业部于2015年印发的《到2020年化肥使用量零增长行动方案》提出水肥一体化技术推广面积达到1.5亿亩，增加8000万亩，使得水溶性肥料的发展前景广阔。水溶性肥料可以概括为：一种可完全、迅速溶解于水的单质化学肥料、多元复合肥料、功能性有机水溶性肥料，具有被作物吸收，可用于灌溉施肥、叶面施肥、无土栽培、浸种灌根等特点。

一、水溶性肥料的类型

水溶性肥料是我国目前大量推广应用的一类新型肥料，多为通过叶面喷施或随灌溉施入的一类水溶性肥料，可分为营养型水溶性肥料、功能型

水溶性肥料和其他类型的水溶性肥料。

1. 营养型水溶性肥料

营养型水溶性肥料包括微量元素水溶肥料、大量元素水溶肥料、中量元素水溶肥料等。

（1）微量元素水溶肥料　微量元素水溶肥料是由铜、铁、锰、锌、硼、钼微量元素按照所需比例制成的或单一微量元素制成的液体或固体水溶性肥料。产品标准为《微量元素水溶肥料》（NY 1428—2010）。外观要求为：均匀的液体；均匀、松散的固体。微量元素水溶肥料产品技术指标应符合表2-10的要求。

表2-10　微量元素水溶肥料产品技术指标

项　目		固体指标	液体指标
微量元素含量	≥	10.0 %	100 克/升
水不溶物含量	≤	5.0 %	50 克/升
pH（250倍稀释）		3.0 ~ 10.0	
水分（H_2O）含量	≤	6.0 %	—

注：微量元素含量指铜、铁、锰、锌、硼、钼元素含量之和。产品应至少包含一种微量元素。含量不低于0.05%（0.5克/升）的单一微量元素均应计入微量元素含量中。钼元素含量不高于1.0%（10克/升）（单质含钼微量元素产品除外）。

（2）大量元素水溶肥料　大量元素水溶肥料是以氮、磷、钾大量元素为主，按照适合植物生长所需比例，添加以铜、铁、锰、锌、硼、钼等微量元素或钙、镁中量元素制成的液体或固体水溶性肥料。执行标准为《大量元素水溶肥料》（NY 1107—2010）。大量元素水溶肥料主要有以下两种类型：

1）大量元素水溶肥料（中量元素型）。该类型分固体和液体两种剂型。产品技术指标应符合表2-11中的要求。

2）大量元素水溶肥料（微量元素型）。该类型肥料分固体和液体两种剂型。产品技术指标应符合表2-12中的要求。

（3）中量元素水溶肥料　中量元素水溶肥料是以钙、镁中量元素为主要成分的液体或固体水溶性肥料，执行标准为《中量元素水溶肥料》（NY 2266—2012）。中量元素水溶肥料产品技术指标应符合表2-13中的要求。

表 2-11　大量元素水溶肥料（中量元素型）产品技术指标

项　　目		固体指标	液体指标
大量元素含量①	≥	50.0%	500克/升
中量元素含量②	≥	1.0%	10克/升
水不溶物含量	≤	5.0%	50克/升
pH（250倍稀释）		3.0~9.0	
水分（H_2O）含量	≤	3.0%	—

① 大量元素含量指总氮、五氧化二磷、氧化钾含量之和。产品应至少包含两种大量元素。单一大量元素含量不低于4.0%（40克/升）。

② 中量元素含量指钙、镁元素含量之和。产品应至少包含一种中量元素。含量不低于0.1%（1克/升）的单一中量元素均应计入中量元素含量中。

表 2-12　大量元素水溶肥料（微量元素型）产品技术指标

项　　目		固体指标	液体指标
大量元素含量①	≥	50.0%	500克/升
微量元素含量②		0.2%~3.0%	2~30克/升
水不溶物含量	≤	5.0%	50克/升
pH（250倍稀释）		3.0~9.0	
水分（H_2O）含量	≤	3.0%	—

① 大量元素含量指总氮、五氧化二磷、氧化钾含量之和。产品应至少包含两种大量元素。单一大量元素含量不低于4.0%（40克/升）。

② 微量元素含量指铜、铁、锰、锌、硼、钼元素含量之和。产品应至少包含一种微量元素。含量不低于0.05%（0.5克/升）的单一微量元素均应计入微量元素含量中。钼元素含量不高于0.5%（5克/升）。

表 2-13　中量元素水溶肥料产品技术指标

项　　目		固体指标	液体指标
中量元素含量	≥	10.0%	100克/升
水不溶物含量	≤	5.0%	50克/升
pH（250倍稀释）		3.0~9.0	
水分（H_2O）含量	≤	3.0%	—

注：中量元素含量指钙含量、镁含量，或钙、镁含量之和。含量不低于1.0%（10克/升）的钙或镁元素均应计入中量元素含量中。硫含量不计入中量元素含量，仅在标识中标注。

2. 功能型水溶性肥料

功能型水溶性肥料包括含氨基酸水溶肥料、含腐殖酸水溶肥料、有机水溶肥料等。

(1) 含氨基酸水溶肥料　含氨基酸水溶肥料是以游离氨基酸为主体，按适合植物生长所需比例，添加适量钙元素或铜、铁、锰、锌、硼、钼微量元素而制成的液体或固体水溶性肥料。含氨基酸水溶肥料分中量元素型和微量元素型两种类型，产品执行标准为《含氨基酸水溶肥料》（NY 1429—2010）。

1）含氨基酸水溶肥料（中量元素型）。该类型肥料分固体和液体两种剂型，产品技术指标应符合表2-14中的要求。

表2-14　含氨基酸水溶肥料（中量元素型）产品技术指标

项　目		固体指标	液体指标
游离氨基酸含量	≥	10.0%	100克/升
钙（Ca）含量	≥	3.0%	30克/升
水不溶物含量	≤	5.0%	50克/升
pH（250倍稀释）		3.0~9.0	
水分（H_2O）含量	≤	4.0%	—

2）含氨基酸水溶肥料（微量元素型）。该类型肥料固体和液体两种剂型，产品技术指标应符合表2-15中的要求。

表2-15　含氨基酸水溶肥料（微量元素型）产品技术指标

项　目		固体指标	液体指标
游离氨基酸含量	≥	10.0%	100克/升
微量元素含量	≥	2.0%	20克/升
水不溶物含量	≤	5.0%	50克/升
pH（250倍稀释）		3.0~9.0	
水分（H_2O）含量	≤	4.0%	—

注：微量元素含量指铜、铁、锰、锌、硼、钼元素含量之和。产品应至少包含两种微量元素。含量不低于0.05%（0.5克/升）的单一微量元素均应计入微量元素含量中。钼元素含量不高于0.5%（5克/升）。

(2) 含腐殖酸水溶肥料　含腐殖酸水溶肥料是以适合植物生长所需

比例的矿物源腐殖酸，添加适量比例的氮、磷、钾大量元素或铜、铁、锰、锌、硼、钼微量元素而制成的液体或固体水溶肥料。含腐殖酸水溶肥料分大量元素型和微量元素型两种类型，产品执行标准为《含腐殖酸水溶肥料》（NY 1106—2010）。

1）含腐殖酸水溶肥料（大量元素型）。该类型肥料分固体和液体两种剂型，产品技术指标应符合表2-16中的要求。

表2-16　含腐殖酸水溶肥料（大量元素型）产品技术指标

项　目		固体指标	液体指标
腐殖酸含量	≥	3.0%	30克/升
大量元素含量	≥	20.0%	200克/升
水不溶物含量	≤	5.0%	50克/升
pH（250倍稀释）		4.0~10.0	
水分（H_2O）含量	≤	5.0%	—

注：大量元素含量指总氮、五氧化二磷、氧化钾含量之和。产品应至少包含两种大量元素。单一大量元素含量不低于2.0%（20克/升）。

2）含腐殖酸水溶肥料（微量元素型）。该类型肥料只有固体剂型，产品技术指标应符合表2-17中的要求。

表2-17　含腐殖酸水溶肥料（微量元素型）产品技术指标

项　目	指　标
腐殖酸含量	≥3.0%
微量元素含量	≥6.0%
水不溶物含量	≤5.0%
pH（250倍稀释）	4.0~10.0
水分（H_2O）含量	≤5.0%

注：微量元素含量指铜、铁、锰、锌、硼、钼元素含量之和。产品应至少包含一种微量元素。含量不低于0.05%的单一微量元素均应计入微量元素含量中。钼元素含量不高于0.5%。

（3）有机水溶肥料　有机水溶肥料是采用有机废弃物原料经过处理后提取有机水溶原料，再与氮、磷、钾大量元素及钙、镁、锌、硼等中、微量元素复配，研制生产的全水溶、高浓缩、多功能、全营养的增效型水

溶性肥料产品。目前，农业农村部还没有统一的登记标准，其活性有机物质一般包括腐殖酸、黄腐酸、氨基酸、海藻酸、甲壳素等。目前，农业农村部登记有100多个品种，有机质含量均为20～500克/升，水不溶物小于20克/升。

3. 其他类型的水溶性肥料

除上述营养型、功能型水溶性肥料外，还有一些其他类型的水溶性肥料。

（1）糖醇螯合水溶肥料　糖醇螯合水溶肥料是以作物对矿质养分的需求特点和规律为依据，用糖醇复合体生产出含有镁、硼、锰、铁、锌、铜等微量元素的液体肥料，除了这些矿质养分对作物的产量和品质的营养功能外，糖醇物质对于作物的生长也有很好的促进作用：一是补充的微量元素促进作物生长，提高果实等产品的感官品质和含糖量等；二是作物在盐害、干旱、洪涝等逆境胁迫下，糖醇可通过调节细胞渗透性使作物适应逆境生长，提高抗逆性；三是细胞内糖醇的产生，可以提高细胞对活性氧的抗性，避免由于紫外线、干旱、病害、缺氧等原因造成的活性氧损伤。由于糖醇螯合液体肥料产品具有无与伦比的养分高效吸收和运输的优势，即使在使用浓度较低的情况下，非常高的养分吸收效率也能完全满足作物的需求，其增产的效果甚至超过同类高浓度叶面肥产品。

（2）肥药型水溶肥料　在水溶性肥料中，除了营养元素，还会加入一定数量不同种类的农药和除草剂等，不仅可以促进作物生长发育，还具有防治病虫害和除草功能，是一类农药和肥料相结合的肥料，通常可分为除草专用肥、除虫专用肥、杀菌专用肥等。但作物对营养调节的需求与病虫害的发生不一定同时进行，因此在开发和使用药肥时，应根据作物的生长发育特点，综合考虑不同作物的耐药性及病虫害的发生规律、习性、气候条件等因素，尽量避免药害。

（3）木醋液（或竹醋液）水溶肥料　近年来，市场上还出现以木炭或竹炭生产过程中产生的木醋液或竹醋液为原料，添加营养元素而成的水溶性肥料。一般在树木或竹材烧炭过程中，收集高温分解产生的气体，常温冷却后得到的液体物质即为原液。木醋液中含有钾、钙、镁、锌、锰、铁等矿物质，此外还含有维生素 B_1 和维生素 B_2。竹醋液中含有近300种天然有机化合物，包括有机酸类、酚类、醇类、酮类、醛类、酯类及微量的碱性成分等。木醋液和竹醋液最早在日本应用，使用较广泛，也有相关的生产标准。在我国这方面的研究起步较晚，两者的生产还没有国家标

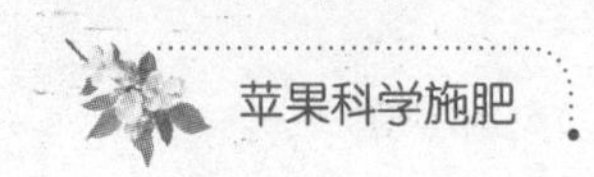

准，但是相关产品已经投放市场。据试验研究，木醋液不仅能提高水稻的产量，还可以提高水稻抗病虫害的能力。

（4）稀土型水溶肥料　稀土元素是指化学周期表中镧系的14个元素和化学性质相似的钪与钇。农用稀土元素通常是指其中的镧、铈、钕、镨等有放射性，但放射性较弱，造成污染的可能性很小的轻稀土元素。最常用的是铈硝酸稀土。我国从20世纪70年代就已经开始稀土肥料的研究和使用，其在植物生理上的作用还不够清楚，现在只知道在某些作物或果树上施用稀土元素后，有增大叶面积、增加干物质重、提高叶绿素含量、提高含糖量、降低含酸量的效果。由于它的生理作用和有效施用条件还不很清楚，一般认为是在作物不缺大、中、微量元素的条件下才能发挥出效果来。

（5）有益元素类水溶肥料　近年来，部分含有硒、钴等元素的叶面肥料得以开发和应用，而且施用效果很好。此类元素不是所有植物必需的养分元素，只是为某些植物生长发育所必需或有益的。受其原料毒性及高成本的限制，此类肥料应用较少。

二、水溶性肥料的科学施用

水溶性肥料不但配方多样，而且使用方法十分灵活，一般有3种：

1. 灌溉施肥或土壤浇灌

通过土壤浇水或灌溉的时候，先行混合在灌溉水中，这样可以让作物根部全面地接触到肥料，通过根的呼吸作用把化学营养元素运输到作物的各个组织中。

将水溶性肥料与节水灌溉相结合进行施肥，即灌溉施肥或水肥一体化，水肥同施，以水带肥让作物根系同时全面接触水肥，可以节水节肥、节约劳动力。灌溉施肥或水肥一体化适合于极度缺水地区、规模化种植的农场，以及用在高品质、高附加值的作物上，是今后现代农业技术发展的重要措施之一。

水溶性肥料随同滴灌、喷灌施用，是目前生产中最为常见的方法。施用时应注意以下事项：

（1）掐头去尾　先滴清水，等管道充满水后加入肥料，以避免前段无肥；施肥结束后立刻滴清水20~30分钟，将管道中残留的肥液全部排出（可用电导率仪监测是否彻底排出）。如果不洗管，可能会在滴头处生长青苔、藻类等低等植物或微生物，堵塞滴头，损坏设备。

（2）防止地表盐分积累　大棚或温室长期用滴灌施肥，会造成地表

盐分累积，影响根系生长。可采用膜下滴灌抑制盐分向表层迁移。

（3）做到均匀　注意施肥的均匀性，滴灌施肥的原则是施肥越慢越好。特别是对在土壤中移动性差的元素（如磷），延长施肥时间，可以极大地提高难移动养分的利用率。在旱季进行滴灌施肥，建议在2~3小时完成。在土壤不缺水的情况下，以及保证均匀度的前提下，施肥越快越好。

（4）避免过量灌溉　以施肥为主要目的灌溉时，达到根层深度湿润即可。不同的作物，根层深度差异很大，可以用铲随时挖开土壤了解根层的具体深度。过量灌溉不仅浪费水，还会使养分渗析到根层以下，作物不能吸收，浪费肥料，特别是尿素、硝态氮肥（如硝酸钾、硝酸铵钙、硝基磷肥及含有硝态氮的水溶性肥料）极容易随水流失。

（5）配合施用　水溶性肥料为速效肥料，只能作为追肥施用。特别是在常规的农业生产中，水溶性肥料是不能替代其他常规肥料的。因此，在农业生产中绝不能采取以水溶性肥料替代其他肥料的做法，要做到基肥与追肥相结合、有机肥料与无机肥料相结合、水溶性肥料与常规肥料相结合，以便降低成本，发挥各种肥料的优势。

（6）安全施用，防止烧伤叶片和根系　水溶性肥料施用不当，特别是采取随同喷灌和微喷一同施用时，极容易出现烧叶、烧根的现象。根本原因就是肥料液度过高。因此，在调配肥料时，要严格按照说明书的浓度进行。但是，由于不同地区的水源盐分不同，同样的浓度在个别地区也会发生烧伤叶片和根系的现象。生产中最保险的办法就是进行肥料浓度试验，找到本地区适宜的肥料浓度。

2. 叶面施肥

把水溶性肥料先行稀释溶解于水中进行叶面喷施，或者与非碱性农药一起溶于水中进行叶面喷施，通过叶面气孔进入植株内部。叶面施肥对于纠正一些幼嫩的植物或根系不太好的作物出现的缺素症状是一个最佳的选择，极大地提高了肥料吸收利用效率，简化了植物营养元素在植物内部的运输过程。叶面喷施应注意以下几点：

（1）喷施浓度　喷施浓度的确定以既不伤害作物叶面，又可节省肥料，提高功效为原则。一般可参考肥料包装上推荐的浓度。一般每亩喷施40~50千克溶液。

（2）喷施时期　喷施时期多数在苗期、花蕾期和生长盛期。溶液湿润叶面时间要求能维持0.5~1小时，傍晚无风时进行喷施较适宜。

（3）喷施部位　应重点喷洒上、中部叶片，尤其多喷洒叶片反面。

若为果树，则应重点喷洒新梢和上部叶片。

（4）增添助剂 为提高肥液在叶片上的黏附力，延长肥液湿润叶片的时间，可在肥料溶液中加入助剂（如中性洗衣粉、肥皂粉等），提高肥料利用率。

（5）混合喷施 为提高喷施效果，可将多种水溶性肥料混合或肥料与农药混合喷施，但应注意营养元素之间的关系、肥料与农药之间是否有害。

3. 无土栽培

在一些沙漠地区或极度缺水的地方，人们往往用滴灌和无土栽培技术来节约灌溉水并提高劳动生产效率，这时作物所需要的营养可以通过水溶性肥料来获得，即节约了用水，又节省了劳动力。

温馨提示

我国水溶性肥料市场迎来功能化大时代

（1）功能化细分，引领水肥一体新发展 当前水溶性肥料市场已由原来的小品种肥料演变成为一个大市场需求，为此专家认为水溶性肥料的大市场需要杜绝产品的同质化，现代农业、智慧农业、设施农业强势袭来，水溶性肥料由增产增收、省工省力的一般特性步入功能细分行列。功能化、差异化的竞争成为水溶性肥料企业不得不面对的一个课题。据有关资料表明：2015 年我国农业部水溶性肥料登记证数量为 2025 个，2016 年数量为 2875 个。由于肥料登记政策的变化，2017 ~ 2018 年每年水溶性肥料登记证数量均超过 5000 个，2019 年则有所下降，但预计仍能超过 2016 年登记证数量。水溶性肥料近 3 年登记数量大增，直接反映我国水溶性肥料产业的高速增长。由此可见，水溶性肥料的大市场要避免同质化，企业的产品要形成差异化竞争，特别是要瞄准作物的精准施肥，使水溶性肥料步入功能细分行列。青岛农业大学教授李俊良认为水溶性肥料的这种功能细分主要体现在 4 个方面：从单纯营养型向功能型发展；从常规营养释放形态向缓、控释形态发展；从无机肥料向有机生化替代型发展；由普通营养型向免疫增强型发展。

（2）差异化竞争，撬动产品与市场对接 国内水溶性肥料行业目前存在缺少核心推广平台、产品档次低、服务不到位、缺乏标准规范等问题，通过提升和细化肥料功能来实现减肥增效的目标，是解决水肥发展矛盾的重要举措。为了更好地实现市场和终端需求的对接，我

国发布了《中国水溶肥推广模式影响力白皮书》《中国水溶肥媒体行业报告》。中国农资传媒联合中国农业科学院历时一年倾心打造的《中国水溶肥推广模式影响力白皮书》，借助自2010年以来举办八届水溶性肥料会议的专家和企业资源，聚焦水溶性肥料产品的资源、原料、市场、产品、品牌等优势，针对套餐型、加肥站型、设施型、贸易分销型等营销方式，提炼企业融入战略规划、营销布局所打造的推广模式，撬动产品与市场“最后一千米”的对接，为企业和农户提供了一份翔实、客观、规范的权威参考。

(3) 企业同台竞技，扬长避短相互借势　随着水溶性肥料市场发展的不断壮大，瞄准作物需求精准施肥的高端的水溶性肥料企业不再享受过去的蓝海战术。中国农资传媒认为，无论是拥有资金和技术优势的大量元素复混型企业，还是品牌知名度较高的高端水溶性肥料企业，面临当前的市场竞争都应该发挥企业自身的资源优势、技术优势、国际化经验优势及生产规模优势，在未来能够给水溶性肥料市场带来更创新的产品和更优质的服务。水溶性肥料市场正朝着众多企业的相互竞争、相互借势的方向发展，如此水溶性肥料市场的发展才能越来越壮大。诺贝丰（中国）化学有限公司市场总监巫春丽表示，在水溶性肥料的大市场中企业应站在同一起跑线上竞争，各自发挥特色的创新产品和营销模式，通过不同的技术产品带来相应的市场销量，这是未来市场有序发展的方向。

第三章

苹果树合理施肥

合理施肥不仅能源源不断地为苹果树提供和补充营养，而且可调节各营养元素间的平衡，使各种营养元素作用的发挥达到最大化，保证苹果树高产、稳产、优质、低耗和减少环境污染，满足《到2020年化肥使用量零增长行动方案》对节本增效、节能减排的要求，对保障国家农产品质量安全和农业生态安全具有十分重要的意义。

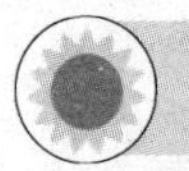

第一节　苹果树合理施肥原理

苹果树合理施肥涉及作物、土壤、肥料和环境条件，因此，它继承一般施肥理论的同时又有新的发展。依据的基本原理主要有：养分归还学说、最小养分律、报酬递减律、因子综合作用律、必需营养元素同等重要和不可代替律、作物营养关键期等。

一、养分归还学说

养分归还学说是德国化学家李比希提出的，他认为："作物从土壤中吸收养分，每次收获必从土壤中带走某些养分，使土壤中养分减少，土壤贫化，要维持地力和作物产量，就要归还作物带走的养分。"

该理论应用在苹果树上就是：苹果树随每年果实的采摘、梢叶生长、茎干加粗及根系生长，必须不断从土壤中吸取大量养分，引起土壤中养分的损耗。如果长时间不归还这些养分，就会使土壤变得越来越瘠薄。为了恢复和保持土壤肥力，必须对土壤养分进行补偿，但要根据土壤和苹果树根系的吸收特性进行养分的补充。

二、最小养分律

最小养分律也是德国化学家李比希提出的，他认为："作物产量受土

壤中相对含量最小的养分所控制，作物产量的高低则随最小养分补充量的多少而变化。”作物为了生长发育需要吸收各种养分，但是决定产量的却是土壤中那个相对含量最小的养分，产量也在一定限度内随着这个因素的增减而相对变化，如果无视这个限制因素的存在，即使继续增加其他营养成分，也难以再提高作物产量。

该理论应用在苹果树上就是：虽然苹果树生长发育需要从土壤中吸收各种养分，但决定苹果产量高低的是土壤中那个相对含量最小的养分，称为最小养分。只有增加这个最小养分的数量，产量才能提高。因此，为苹果树施肥时首先应补充土壤中最缺乏的养分，避免盲目施肥，要做到经济施肥。但还应注意：一是决定产量的最小养分不是指土壤中绝对养分含量最小的养分，而是相对于苹果树吸收需要量来说含量最少的养分。二是最小养分不是固定不变的，而是随条件变化而变化的。当土壤中某种最小养分增加到能够满足作物需要时，这种养分就不再是最小养分了，另一种元素又会成为新的最小养分。三是增加最小养分以外的其他养分，不但不能提高产量，而且还会降低施肥的效益。总之，最小养分律指出了作物产量与养分供应上的矛盾，表明了施肥应有针对性。也就是说，要因地制宜、有针对性地选择肥料种类，缺什么养分，施什么肥料。

三、报酬递减律

报酬递减律实际上是一个经济上的定律，是由欧洲经济学家杜尔歌和安德森同时提出来的。该定律的一般表述是：“从一定土壤上所得到的报酬随着向该土地投入的劳动资本量的增大而有所增加，但报酬的增加却在逐渐减小，即最初的劳力和投资所得到的报酬最高，以后递增的单位投资和劳力所得到的报酬是渐次递减的。”科学试验进一步证明，当施肥量（特别是氮）超量时，作物产量与施肥量之间的关系就不再是曲线模式，而呈抛物线模式。

该理论应用在苹果树上就是：报酬递减律以其他技术条件不变（相对稳定）为前提，反映了投入（施肥）与产出（产量）之间具有报酬递减的关系。在其他技术条件相对稳定的前提下，随着施肥量的逐渐增加，苹果树的产量逐渐提高。但施肥所增加的产量，开始是递增的，后来却随施肥量的增加而呈现递减现象。某种肥料中养分的效果，以在土壤中该种养分不足时效果最大，若继续增加该养分的施用量，增产效果逐渐减少。因此，在苹果树施肥实践中，不断研究和应用新技术，促进生产条件的改进，发挥肥料的最大经济效益，达到增产增收目的。

四、因子综合作用律

因子综合作用律的中心意思是：作物产量是水分、养分、光照、温度、空气、品种、耕作条件、栽培措施等因子综合作用的结果，但其中必有一个起主导作用的限制因子，产量在一定程度上受该种限制因子的制约。为了充分发挥肥料的增产作用和提高肥料的经济效益，一方面，施肥措施必须与其他农业技术措施密切配合；另一方面，各种养分之间的配合施用能使养分平衡供应。

该理论应用到苹果树上就是：苹果树的产量是水分、养分、光照、温度、空气、品种、耕作条件、栽培措施等因子综合作用的结果，但其中必定有一个因子是起主导作用的限制因子（可能是养分，也可能是水分等其他因子），产量受这个限制因子制约。因此，要使苹果增产，就要使各因子之间有很好的配合，若某一因子和其他因子的配合失去平衡，就会阻碍苹果树生长，导致产量下降。总之，在制订施肥方案时，利用因子之间的相互作用效应，其中包括养分之间及施肥与生产技术措施（如灌溉、良种、防治病虫害等）之间的相互作用效应，是提高农业生产水平的一项有效措施，也是经济合理施肥的重要原理之一。发挥因子的综合作用具有在不增加施肥量的前提下，提高肥料利用率、增进肥效的显著特点。

五、必需营养元素同等重要和不可代替律

大量试验证实，各种必需营养元素对苹果树所起的作用是同等重要的，它们各自所起的作用不能被其他元素所代替。这是因为每一种元素在作物新陈代谢的过程中都各有独特的功能和生化作用。例如，苹果树缺氮时，叶片失绿，而缺铁时，叶片也失绿。氮是叶绿素的主要成分，而铁不是叶绿素的成分，但铁对叶绿素的形成同样是必需的元素。没有氮不能形成叶绿素，没有铁同样不能形成叶绿素。所以，铁和氮对苹果树的营养来说都是同等重要的。

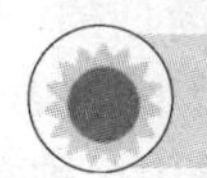

第二节　苹果树合理施肥技术

苹果树合理施肥技术由适宜的施肥量及养分配比、正确的施肥时期、合理的施肥方法等要素组成。

一、苹果树的施肥原则

对于苹果树合理施肥，在遵循养分归还学说、最小养分律、报酬递减律、因子综合作用律、必需营养元素同等重要和不可代替律等基本原理的基础上，还需要掌握以下基本原则：

1. 平衡营养——大量、中量、微量元素配合

施入土壤中的各种养分并不是单兵作战，而是相互促进、相互制约的，既需要氮、磷、钾等大量元素，又需要钙、镁、硫等中量元素，也需要硼、锌、铁、锰、铜、钼等微量元素。形象地说，就像一锅烩面，既需要面、菜，还需要油、盐、酱、醋等调料，只有比例搭配合理，做出的烩面才能可口。因此，随着苹果树产量的不断提高，在耕地高度集约利用的情况下，必须进一步强调氮、磷、钾肥的相互配合，并补充必要的中量、微量元素，如此才能高产、稳产。

2. 保证重点——氮、磷、钾相配合

氮、磷、钾是苹果树科学施肥的三要素，它们的相互配合是苹果树合理施肥技术的重点。随着苹果树产量的不断提高，在高强度消耗土壤中养分的情况下，氮、磷、钾必然被大量消耗，因此，必须强调氮、磷、钾的补充与相互配合，如此才能高产、稳产。

3. 用养结合——有机与无机相结合

要使作物—土壤—肥料形成物质和能量的良性循环，必须坚持用养结合，使投入与产出相平衡，维持或提高土壤肥力，增强农业可持续发展能力。因此，苹果树合理施肥必须以有机肥料施用为基础。增施有机肥料可以增加土壤中有机质的含量，改善土壤理化性状，提高土壤保水保肥能力，增强土壤中微生物的活性，提高化肥利用率。因此，必须坚持多种形式的有机肥料投入，培肥地力，实现农业可持续发展。

4. 适时供肥——按需肥节奏供给养分

在苹果树年生长周期中，树体于3月、6月、9月生长节奏快，树体消耗养分多，对养分需求大，是合理施肥的几个关键时期，要注意适时供给肥料，以保证苹果树生长发育与结果的顺利进行。

5. 适量补养——少量多次原则

苹果树在一定时期内对养分的吸收是有一定限度的，超量供给，不但会造成肥料浪费，导致生产成本增加，而且在施肥过多的情况下，还会发生肥害，污染土壤和环境，给苹果树生产造成不应有的损失。因此，在给苹果树施肥中时，一定要注意适量施肥，坚持少量多次原则，减少肥料的浪费和损失，保证肥料施用安全。

6. 适位补养——土壤施肥为主，叶面施肥为辅

苹果树树体的各个部位，无论是根，还是茎、叶，只要是幼嫩部分都有一定的吸收功能，但茎、叶的吸收能力较弱，吸收的养分数量也较小，大量的养分主要靠根系吸收。因此，土壤施肥是苹果树施肥的主要形式，大量的肥料要通过土壤施肥，通过根系吸收供给苹果树生长发育。叶面施肥只是一种补充形式，当出现缺素或供给微量元素肥料时，可采取叶面喷施等形式。因而要通过疏松土壤、适时灌水，保持土壤湿润，促进树体形成强大的根系，充分发挥根系对养分吸收的主导作用。

二、苹果树的施肥时期

为了满足苹果树在各个营养阶段都能得到适宜种类、数量和比例的养分，就要根据不同苹果树的需肥规律和生长发育期的长短来确定不同的施肥时期。一般来说，施肥时期包括基肥、种肥和追肥3个环节。只有这些环节掌握得当，肥料用得好，经济效益才能高。

1. 确定苹果树施肥时期的依据

（1）依据苹果树的需肥时期 苹果树的需肥时期与物候期有关。物候期是指与季节性相适应的苹果树器官的动态发育时期，它标志着苹果树生命活动的强弱及吸收与消耗营养的程度。养分首先满足生命活动最旺盛的器官，即养分有其分配中心，随着物候期的进展，分配中心也随着转移：在萌芽开花期，幼嫩的芽和花器官是生长中心，需要的养分最多；在果实迅速膨大期，果实是生长中心，果实需要养分最多；在花芽分化期，花芽是生长中心，芽内需要的养分最多。

另外，苹果树的物候期有重叠现象，从而影响分配中心，出现养分分配与供需矛盾。例如，苹果开花坐果与新梢生长，幼果膨大与花芽分化同时进行，一个生长发育期有多个分配中心，因而必须施足肥料，适期追肥，才能协调生长和结果的矛盾，提高坐果率，增加产量。因此，应依据苹果树物候期和养分分配规律适期施肥。

苹果树在年周期中的不同物候期对各种营养元素的需要量不同。例如，苹果树对氮、磷、钾三种元素的吸收：生长季都可吸收氮，但吸收高峰处于树体营养生长高峰期，从萌芽到花芽分化，氮吸收量的增长很快，进入果实膨大期，吸收速度渐慢；而果实膨大期和生长中期对钾的需要量

较大，80%～90%的钾在此期吸收；磷的吸收在生长的初期最少，花期以后逐渐增多，以后无多大变化。

（2）依据土壤中养分含量和水分变化规律　土壤中养分含量及其变化与间作作物种类和土壤耕作制度有关。清耕果园，春季生长初期，土壤中氮消耗快，含量低，亏缺时应及时补充，夏季有所增加；钾含量的变化与氮相似；磷含量于春季多而夏秋两季较少。间作物种类不同，土壤养分含量和变化也不同。例如，豆科作物，春季对氮的需要量减少，夏季由于固氮作用而对氮的需要量增加。

土壤中水分含量不仅影响养分的有效性，也影响肥效的发挥。土壤中水分含量适宜，能加速肥料的分解与吸收；水分过多，尤其是雨季或积水低洼地区，养分流失严重，会降低肥料利用率；水分过少，对施肥有害而无利，并且会由于肥料浓度过高，树体不能吸收利用而产生肥害。因此，应结合果园土壤中水分含量的变化规律或排灌情况进行施肥。

（3）依据肥料性质　不同种类的肥料性质不同，施肥时期也不同。例如，有机肥料、复合肥料、磷肥等缓效肥料，肥效慢而长，宜提早作为基肥施入；而氮肥、钾肥等速效化学肥料，由于易挥发、淋失或被土壤固定，则应在苹果树需要前施入，而且以分次施入利用率为最高。同一元素因施肥时期不同而效果不同，如等量的硫酸铵，秋季施较春季施开花率高，干径增长量大，一年生枝含氮率高。因此，肥料应在经济效益最高的时期施入，如此才能发挥最佳肥效。

2. 基肥的施肥时期

基肥常称为底肥，是指在播种或定植前及多年生作物越冬前结合土壤耕作翻入土壤中的肥料。其作用是培肥并改良土壤，为作物生长发育创造良好的土壤条件，并且源源不断地供应作物在整个生长期所需的养分。

如上所述，基肥具有双重作用：一是培肥地力、改良土壤；二是供给作物养分。为此，基肥的施用量通常占某种作物全部施肥量中的大部分，同时还应当选用肥效持久而富含有机质的肥料。一般情况下，为了达到培肥和改良土壤，提高土壤肥力的目的，基肥应以有机肥料为主，如腐殖酸类肥料、堆肥、厩肥、粪肥、绿肥等，并且用量要大一些，施肥应深一些，施肥时间应早一些。

苹果树的基肥一般在秋季至封冻之前施用。实践证明，秋施基肥比春施基施效果好，原因：一是秋季气温较高，土温适宜，水分充足，有机肥料腐熟较快，分解期长，易被苹果树根系吸收利用，有利于提高肥效。二是秋季施基肥有利于提高苹果树树体营养贮藏水平，协调营养生长与生殖生长的关系。基肥中的速效养分易被正处在第三生长高峰的根系吸收，增强了秋叶功能，养分积累多了，使得花芽充实、饱满，后期的花芽发育良好，为第二年开花、坐果打下良好基础。基肥中的缓效养分经较长时期的腐熟分解，在春季陆续被吸收利用，提高了中短枝的质量，并促使春梢及时停长，为花芽分化创造条件。三是秋施基肥有利于根系更新复壮，促进养分吸收。早秋正是苹果树根系最后一次生长高峰期，受伤的根系易愈合恢复，有利于促发新根，并且多为有效吸收根。四是秋施基肥能提高土温，保持水分，增强苹果树树体的越冬抗寒能力，并能避免长梢徒长，引起枝条抽干或幼树风干。

秋施基肥，早熟品种应在采果后，中晚熟品种应在采收前，最好在秋梢停长后进行，宜早不宜晚。原因是：早秋地温适宜，墒情较好，微生物活动旺盛，有机肥料腐熟快，分解时间长，矿化程度高，易被根系吸收，并可提高氮利用率1.5倍，磷利用率3倍，钾、钙、镁利用率2倍。苹果树秋施（9月下旬~10月底）基肥，树体贮藏营养充足，第二年萌芽、开花整齐，坐果率高。

3. 追肥的施肥时期

追肥是指在作物生育期施用的肥料。追肥的作用是及时补充作物生长发育过程中所需要的养分，以促进作物生长发育，提高作物产量和品质。

追肥时一般多用速效性化学肥料，腐熟良好的有机肥料也可以用作追肥。对氮肥来说，应尽量将化学性质稳定的氮肥，如硫酸铵、硝酸铵、尿素等用作追肥。对磷肥来说，一般在基肥中已经施过磷肥的，可以不再追施磷肥，但在田间确有明显表现为缺磷症状时，也可及时追施过磷酸钙或重过磷酸钙补救。对微肥来说，根据不同地区和不同作物在各营养阶段的丰缺来确定是否追肥。

苹果树的追肥时期和次数与气候、土壤、树种、树龄、树势等条件有关。理论上来说，萌芽、开花、坐果、抽梢、果实迅速膨大、花芽分化等时期都是需肥的关键期，也是追肥的显效期，但品种、树势、土壤养分状况等不同，其追肥的时期也不同。

通常成龄苹果树1年追肥2~4次，可根据情况酌情增减。主要追肥时期如下：

（1）开花前（萌芽）　一般在土壤解冻后至萌芽开花前这段时间，正

值苹果树萌芽开花、根系生长的生理活跃初期，需要消耗大量营养物质，如果营养不足，就会导致大量落花、落果。这次追肥的目的是促使开花一致，提高坐果率，促进新梢生长和叶面积增大。追肥一般以速效氮肥为主，如尿素、硫酸铵、腐熟人粪尿等。

（2）开花后　一般在落花后立即进行追肥。此时苹果树开花、坐果消耗大量营养，幼果细胞分裂增生，枝梢迅速抽发，对氮的需求量特别大。此时期的追肥目的是增强叶片功能，促进花芽分化，提高坐果率，保证新梢旺盛生长。追肥以速效氮肥为主，配施少量磷、钾肥。

（3）果实膨大和花芽分化期　此期正值部分新梢停长，花芽开始分化，生理落果前后，果实生长迅速，需肥量大。此期的追肥目的是提高光合作用以促进养分积累，提高细胞浓度，有利于果实肥大和花芽分化，既保证当年产量，又为第二年结果奠定基础。追肥以氮肥和磷肥为主，并适当配施钾肥。

（4）果实生长后期　此次追肥应在早、中熟品种采收后，晚熟品种采收前进行，一般为8月下旬~9月中旬。此期的追肥目的是提高叶的功能，加强树体养分的后期积累，促进花芽继续分化和充实饱满，促进果实着色和成熟，促进根系生长，并提高苹果树的越冬抗寒能力。此期追肥主要是解决大量结果树营养物质亏缺和花芽分化矛盾，尤其是晚熟品种，后期追肥更为必要。追肥以氮肥和钾肥为主，并适当配施磷肥。

温馨提示

苹果树补钙的三个黄金时期

适时为苹果树补钙，可有效防止苹果树幼叶长势减弱、叶片畸形和失绿黄化，以及果实出现下陷斑点，果肉变色、变软、变苦，可显著提高果实的品质和产量。苹果树每年对钙的吸收高峰期有3次：第一次在落花后的30天左右；第二次在果实膨大期，约在7月；第三次在采果前30天左右。一般以叶面喷施效果较好。

（1）硝酸钙　一般施用0.3%~0.4%的硝酸钙，在苹果树落花后喷施较好，但在果实着色后不可施用，以免影响果实着色。

（2）氯化钙　一般施用0.2%~0.3%的氯化钙，在幼果期及高温天气喷施时浓度要低，以防灼伤叶片及果实。一般应在后期或果实采收后施用。因氯化钙含氯离子，所以应少用。

（3）氨基酸钙　一般喷施0.3%～0.4%的氨基酸钙。落花后20天开始喷施，年度内3个补钙高峰期各喷施1～2次。氨基酸钙可供给苹果树花芽分化，促进果实上色，提高果实的含糖量、硬度和耐贮性，是目前补钙的较佳品种。

三、苹果树的施肥量

苹果树的施肥量是构成合理施肥技术的核心要素，确定经济合理的施肥用量是合理施肥的中心问题。但确定适宜的施肥量是一件非常复杂的事情，一般应该遵循以下原则：

1. 全面考虑与合理施肥有关的因素

考虑苹果树的施肥量时应该深入了解苹果树、土壤和肥料三者的关系，还应结合考虑环境条件和相应的农业技术条件。如果各种条件综合水平高，则施肥量可以适当大些，否则应适当减少施肥量。只有进行综合分析才能避免片面性。

2. 施肥量必须满足苹果树对养分的需求

为了使苹果树达到一定的产量，必须要满足它对养分的需求，即通过施肥来补充苹果树消耗的养分，避免土壤养分亏损，肥力下降，不利于农业生产的可持续性。

3. 施肥量必须保持土壤养分平衡

土壤养分平衡包括土壤中养分总量和有效养分的平衡，也包括各种养分之间的平衡。施肥时，应该考虑适当增加限制苹果树产量的最小养分的数量，以协调土壤中各种养分的关系，保证养分平衡供应。

4. 施肥量应能获得较高的经济效益

在肥料效应符合报酬递减律的情况下，单位面积施肥的经济收益在开始阶段随施肥量的增加而增加，达到最高点后即下降。所以，在肥料充足的情况下，应该以获得单位面积最大利润为原则来确定施肥量。

5. 确定施肥量时应考虑前茬作物所施肥料的后效

试验证明，肥料三要素（氮、磷、钾）中，磷肥后效最长，其后效与肥料品种有很大关系。例如，水溶性磷肥和弱酸性磷肥，在当季苹果收获后，大约还有2/3留在土壤中，第二季作物收获后，约有1/3留在土壤中，第三季收获后，大约还有1/6，第四季收获后，残留很少，不再考虑

其后效。关于钾肥的后效，一般在第一季苹果收获后，大约有1/2留在土壤中。一般认为，无机氮肥没有后效。

估算施肥量的方法有很多，如养分平衡法、肥料效应函数法、土壤养分校正系数法、土壤肥力指标法等。具体方法参见测土配方施肥技术。

四、苹果树的施肥方法

苹果树常见的施肥方法有以下几种：

1. 放射状沟施肥法

在树冠下面距树干1米左右处开始，以树干为中心，向树干外围等距离挖4～8条放射状直沟，沟宽30～60厘米、深20～50厘米，沟长与树冠齐，挖沟时要避开大根，将肥料施在沟内并覆土（彩图9）。这种方法可以隔年或隔次更换放射状沟的位置，以扩大施肥面，促进根系吸收。

2. 环状沟施肥法

在树冠垂直投影外20～30厘米处，以树干为中心，挖1条宽30～60厘米、深30～60厘米（追肥时，深10厘米）的环状沟，底部填施有机肥料和少量表土，上面可撒些化肥，然后覆土（图3-1）。有机肥料的施肥量一般为：幼树每棵50千克，成龄大树每棵100千克左右。

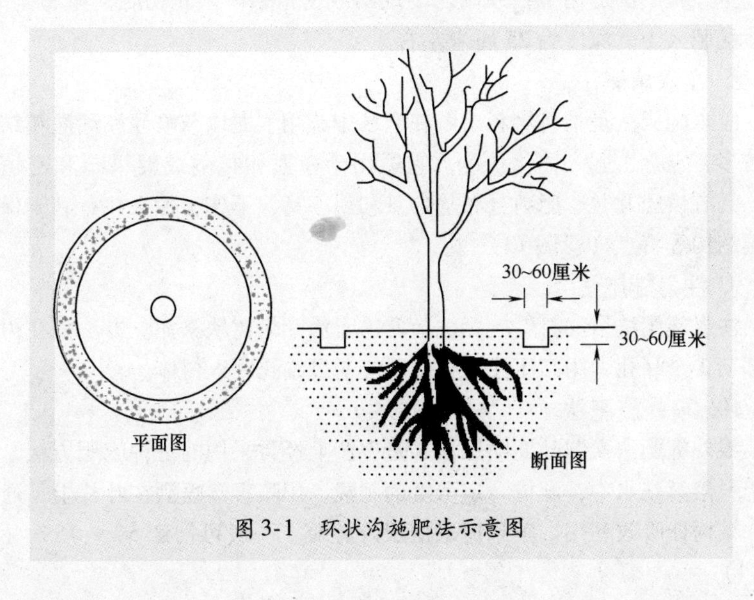

图3-1　环状沟施肥法示意图

3. 条状沟施肥法

在树冠外缘稍外相对两面各挖 1 条深、宽均为 50 厘米的条状沟，沟长依树冠大小而定。第二年在另外相对两面开沟施肥，2 年轮换 1 次。也可在树冠外缘四面各挖 1 条深、宽均为 50 厘米的条状沟，将肥料施在沟内。

4. 行间深沟施肥法

行间深沟施肥法适用于密植果园。沿果树行向挖宽 50～60 厘米、深 60～70 厘米的沟，沟长与树行同，将肥料施在沟内（彩图 10）。

5. 穴状施肥法

穴状施肥法多用于保水保肥力差的沙地果园。在距树干 1 米处的树冠下，均匀地挖 10～20 个深 40～50 厘米、上口直径为 40～50 厘米、底部直径为 5～10 厘米的锥形穴，穴内填枯草、落叶，用塑料布盖口。施肥、浇水均在穴内进行（彩图 11）。

6. 打眼施肥法

打眼施肥法适用于密植果园和干旱区的成龄果园。在树冠下用土钻打眼，把肥料施入眼内并灌水，让肥料缓慢地渗透至根部（彩图 12）。

7. 全园施肥法

全园施肥法适用于根系满园的成龄或密植果园。先将肥料撒布全园，然后翻肥入土，深度为 25 厘米左右。

8. 灌水施肥法

灌水施肥法是指将肥料溶解在灌水中施用，尤以与喷灌和滴灌相结合的较多，也称水肥一体化技术。它适用于树冠相接的成龄果园和密植果园，具有供肥及时、肥料分布均匀且利用率高、不伤害根系并有利于保护土壤结构等特点（彩图 13）。

9. 注射施肥法

注射施肥法俗称打针施肥法，常用于治疗果树缺素症。方法是在树干基部钻 3 个深孔，用高压注射机把肥液通过钻孔注入树体。

10. 根外施肥法

根外施肥法又叫叶面喷肥法，是生产上经常采用的一种施肥方法，即将肥料溶解在水中，配成一定浓度的肥液，用喷雾器喷洒在叶片上，通过叶片被树体吸收利用。苹果树采用根外施肥，一般可增产 5%～15%（彩图 14）。

施肥歌谣

苹果树施肥歌谣

苹果施肥抓要点，分清季节能高产。夏长枝叶秋长根，四季需肥要细分。

氮长枝叶树势旺，磷能促根树体壮。钾肥增加含糖量，果实香甜色泽艳。

微量元素不可少，按需施用效果好。春施氮肥坐果好，枝叶茂盛病虫少。

钾肥夏施利成花，果实膨大需要钾。根据树势和果量，氮钾配合要适当。

这次肥料如施饱，来年花芽壮又好。秋季注重施磷肥，果实增大着色好。

要想果多树势健，合理搭配就实现。春夏氮肥催果长，秋冬磷钾最理想。

好的叶肥喷3遍，果味香甜上色艳。套袋之前如补钙，果面光洁少病害。

第四章

苹果树科学施肥新技术

随着科学技术的发展与进步，苹果树测土配方施肥、营养诊断施肥、营养套餐施肥、水肥一体化、有机肥料替代化肥等科学施肥的新技术不断出现，成为苹果树栽培生产中的重要环节之一，也是保证苹果树高产、稳产、优质最有效的农艺措施。

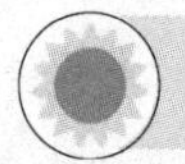

第一节　苹果树测土配方施肥技术

苹果树测土配方施肥技术是综合运用现代农业科技成果，以肥料田间试验和土壤测试为基础，根据苹果树需肥规律、土壤供肥性能和肥料效应，在合理施用有机肥料的基础上，科学提出氮、磷、钾及中、微量元素等肥料的施用品种、数量、施肥时期和施用方法的一套施肥技术体系。

一、苹果树测土配方施肥技术的内容概要

苹果树测土配方施肥技术包括测土、配方、配肥、供应、施肥指导5个核心环节和野外调查、田间试验、土壤测试、配方设计、校正试验、配方加工、示范推广、宣传培训、数据库建设、效果评价、技术创新11项重点内容。

1. 苹果树测土配方施肥技术的核心环节

（1）测土　在广泛的资料收集整理、深入的野外调查和典型农户调查，掌握园地的立地条件、土壤理化性质与施肥管理水平的基础上，确定苹果树平均每个采样单元为20～40亩（地势平坦的苹果园取高限，丘陵区的苹果园取低限），并对采集的土样进行有机质、全氮、水解氮、有效磷、缓效钾、速效钾及中、微量元素等养分的化验，为制定配方和田间肥料试验提供基础数据。

（2）配方　以开展田间肥料小区试验，摸清土壤养分校正系数、土

壤供肥量、作物需肥规律和肥料利用率等基本参数，建立不同施肥分区苹果树的氮、磷、钾肥效应模式和施肥指标体系为基础，再由专家分区域、分作物的根据土壤养分测试数据、苹果树需肥规律、土壤供肥特点和肥料效应，在合理配施有机肥料的基础上，提出氮、磷、钾及中、微量元素等施肥配方。

（3）配肥　依据施肥配方，以各种单质或复混肥料为原料，配制配方肥料。目前，在推广上有两种模式：一是农民根据配方建议卡自行购买各种肥料配合施用；二是由配肥企业按配方加工配方肥料，农民直接购买施用。

（4）供应　测土配方施肥技术中最具活力的供肥模式是通过肥料招投标，以市场化运作、工厂化生产和网络化经营将优质配方肥料供应到户、到田。

（5）施肥　编制、发放测土配方施肥建议卡到户或供应配方肥到点，并建立测土配方施肥示范区，通过树立样板田的形式来展示测土配方施肥技术效果，引导农民应用测土配方施肥技术。

2. 苹果树测土配方施肥技术的重点内容

苹果树测土配方施肥技术的实施是一个系统工程，整个实施过程需要农业教育部门、科研部门、技术推广部门与广大农户或农业合作社、农业企业等相结合，配方肥料的研制、销售、应用相结合，现代先进技术与传统实践经验相结合。从土样采集、养分分析、肥料配方制定、按配方施肥、田间试验示范监测到修订配方，形成一个完整的测土配方施肥技术体系。

（1）野外调查　资料收集整理与野外定点采样调查相结合，典型农户调查与随机抽样调查相结合，通过广泛深入的野外调查和取样地块农户调查，掌握耕地地理位置、自然环境、土壤状况、生产条件、农户施肥情况及耕作制度等基本信息，以便有的放矢地开展测土配方施肥技术工作。

（2）田间试验　田间试验是获得苹果树最佳施肥量、施肥时期、施肥方法的根本途径，也是筛选、验证土壤养分测试技术，以及建立施肥指标体系的基本环节。通过田间试验，掌握各个施肥单元不同品种苹果树的优化施肥量、基肥与追肥的分配比例、施肥时期和施肥方法；摸清土壤养分校正系数、土壤供肥量、苹果树需肥参数和肥料利用率等基本参数；构建苹果树施肥模型，作为施肥分区和肥料配方的依据。

（3）土壤测试　土壤测试是肥料配方的重要依据之一，随着我国种植业结构不断调整，高产果树品种不断涌现，施肥结构和数量发生了很大的变化，土壤养分库也发生了明显改变。通过开展土壤中氮、磷、钾及中、微量元素的养分测试，了解土壤供肥能力状况。

（4）配方设计　肥料配方设计是测土配方施肥工作的核心。通过总结田间试验、土壤养分数据等，划分不同施肥区域，同时，根据气候、地貌、土壤、耕作制度等的相似性和差异性，结合专家经验，提出不同品种苹果树的施肥配方。

（5）校正试验　为保证肥料配方的准确性，最大限度地减少配方肥料批量生产和大面积应用的风险，在每个施肥分区单元设置配方施肥、农户习惯施肥、空白施肥3个处理，以当地主栽苹果树品种为研究对象，对比配方施肥的增产效果，校验施肥参数，验证并完善肥料施用配方，改进测土配方施肥技术参数。

（6）配方加工　将配方落实到农户田间是提高和普及测土配方施肥技术最关键的环节。目前不同地区有不同的模式，其中最主要的也是最具有市场前景和运作模式的就是市场化运作、工厂化加工、网络化经营。这种模式适应我国农村农民科技水平低、土地经营规模小、技物分离的现状。

（7）示范推广　为促进苹果树测土配方施肥技术能够落实到田间地点，既要解决测土配方施肥技术市场化运作的难题，又要让广大农民亲眼看到实际效果，这是限制测土配方施肥技术推广的瓶颈。建立测土配方施肥示范区，为农民创建窗口，树立样板，全面展示测土配方施肥技术效果。将测土配方施肥技术物化成产品，打破技术推广最后一公里的坚冰。

（8）宣传培训　宣传培训是提高农民科学施肥意识、普及技术的重要手段。农民是测土配方施肥技术的最终使用者，迫切需要掌握科学施肥方法和模式；同时还要加强对各级技术人员、肥料生产企业、肥料经销商的系统培训，逐步建立技术人员和肥料经销商持证上岗制度。

（9）数据库建设　运用计算机技术、地理信息系统和全球卫星定位系统，按照规范化测土配方施肥数据，以野外调查、农户施肥状况调查、田间试验和分析化验数据为基础，时时整理历年土壤肥料田间试验和土壤监测数据资料，建立不同层次、不同区域的测土配方施肥数据库。

（10）效果评价　农民是测土配方施肥技术的最终执行者和落实者，也是最终受益者。检验测土配方施肥的实际效果，及时获得农民的反馈信息，以不断完善管理体系、技术体系和服务体系。为科学地评价测土配方施肥的实际效果，必须对一定区域进行动态调查。

（11）技术创新　技术创新是保证测土配方施肥工作长效性的科技支撑。重点开展田间试验方法、土壤养分测试技术、肥料配制方法、数据处

理方法等方面的创新研究工作，可以不断提升测土配方施肥技术水平。

二、苹果园土壤样品的采集、制备与测试

土壤样品的采集是土壤测试的一个重要环节。土壤样品的采集应具有代表性，并根据不同分析项目采用相应的采样和处理方法。

1. 苹果园土壤样品的采集

（1）采样准备　为确保土壤测试的准确性，应选择具有采样经验，明确采样方法和要领，对采样区域农业生产情况熟悉的技术人员负责采样。如果是农民自行采样，采样前应咨询当地熟悉情况的技术人员，或者在其指导下进行采样。

采样时要有采样区域的土壤图、土地利用现状图、行政区划图等，标出采样点的位置，制订采样计划。准备 GPS（全球定位系统）、采样工具、采样袋、采样标签等。

（2）采样单元　采样前要详细了解采样地区的土壤类型、肥力等级和地形等因素，将测土配方施肥区域划分为若干个采样单元，每个采样单元的土壤要尽可能均匀一致。采样集中于每个采样单元相对中心位置的典型地块（同一农户的地块），采样地块面积为 1～5 亩。

（3）采样时间　在苹果树上一个生育期果实采摘后至下一个生育期开始之前，连续 1 个月未进行施肥后的任意时间采集土壤样品。进行氮肥追肥时，应在追肥前或苹果树生长的关键时期采集。

（4）采样周期　同一采样单元，进行无机氮或植株氮营养快速检测时，每季或每年采集 1 次；进行土壤有效磷、速效钾的检测时，每 2～3 年采集 1 次，中、微量元素每 3～5 年采集 1 次。

（5）采样深度　苹果树的采样深度为 0～60 厘米，分为 0～30 厘米、30～60 厘米采集基础土壤样品。如果苹果园土层薄（小于 60 厘米），则按照土层实际深度采集，或者只采集 0～30 厘米土层。

（6）采样点数量　要保证有足够的采样点，使之能代表采样单元的土壤特性。采样必须多点混合，每个采样点由 15～20 个分点混合而成。

（7）采样路线　采样时应沿着一定的线路，按照“随机”“等量”“多点混合”的原则进行采样。一般采用对角线或 S 形布点采样。在地形变化小、地力均匀、采样单元面积较小的情况下，也可采用梅花形布点取样，要避开路边、田埂、沟边、肥堆等特殊部位。

（8）采样方法　选择的苹果树不少于 5 棵，在每棵苹果树树冠投影边

缘线30厘米左右范围，分东、西、南、北4个方向采4个点。每个采样点的取土深度及采样量应均匀一致，土样上层与下层的比例要相同，取样器应垂直于地面入土，深度相同。用取土铲取样应先铲出一个耕层断面，再平行于断面下铲取土。用于测定微量元素的样品必须用不锈钢取土器采样。

（9）样品重　一个混合土样以取土1千克左右为宜（用于推荐施肥的取0.5千克，用于试验的取2千克），如果一个混合样品的数量太大，可用四分法将多余的土壤弃去。方法是将采集的土壤样品放在盘子里或塑料布上，弄碎、混匀，铺成四方形，画对角线将土样分成4份，把对角的两份并成1份，保留1份，弃去1份。如果所得的样品依然很多，可再用四分法处理，直到所需数量为止。

2. 苹果园土壤样品制备

（1）新鲜样品　某些土壤成分，如二价铁、硝态氮、铵态氮等在风干过程中会发生显著变化，必须用新鲜样品进行分析。为了能真实地反映土壤在田间自然状态下的某些理化性状，新鲜样品要及时送回室内进行分析，用粗玻璃棒或塑料棒将样品混匀后迅速称样测定。

注意：新鲜样品一般不宜贮存，如需暂时贮存，可将新鲜样品装入塑料袋，扎紧袋口，放在冰箱冷藏室或进行速冻保存。

（2）风干样品　从野外采回的土壤样品要及时放在样品盘上，摊成薄薄的一层，置于干净整洁的室内通风处自然风干，严禁暴晒，并注意防止酸、碱等气体及灰尘的污染。风干过程中要经常翻动土样并将大土块捏碎以加速干燥，同时剔除土壤以外的侵入体。

风干后的土样按照不同的分析要求研磨过筛，充分混匀后，装入样品瓶中备用。瓶内外各放标签一张，标明编号、采样地点、土壤名称、采样深度、样品粒径、采样日期、采样人制样时间及制样人等项目。制备好的样品要妥善贮存，分析数据核实无误后，试样一般还要保存3个月至1年，以备查询。少数有价值需要长期保存的样品，必须保存于广口瓶中，用蜡封好瓶口。

1）一般化学分析试样的制备。将风干后的样品平铺在制样板上，用木棍或塑料棍碾压，并将植物残体、石块等侵入体和新生体剔除干净，细小且已断的植物须根，可采用静电吸附的方法清除。压碎的土样要全部通过2毫米孔径筛。有条件时，可采用土壤样品粉碎机粉碎。过2毫米孔径筛的土样可供pH、盐分、交换性能及有效养分项目的测定。

将通过2毫米孔径筛的土样用四分法取出平分并继续碾磨，使之全部

通过0.25毫米孔径筛，供有机质、全氮、碳酸钙等项目的测定。

2）微量元素分析试样的制备。用于微量元素分析的土样，其处理方法同一般化学分析试样的处理方法，但在采样、风干、研磨、过筛、运输、贮存等环节都要特别注意，不要接触金属器具，以防被污染。例如，采样、制样时使用木、竹或塑料工具，过筛时使用尼龙网筛等。通过2毫米孔径尼龙网筛的样品可用于测定土壤有效态微量元素。

三、苹果树植株样品的采集与处理

苹果树植株样品的采集主要是指果实样品的采集和用于营养诊断的叶片样品的采集。

1. 苹果树植株样品的采集

（1）叶片样品　在6月中下旬~7月初苹果树营养性春梢停长、秋梢尚未萌发，即处于叶片养分相对稳定期，采集新梢中部第7~9片成熟的正常叶片（完整无病虫叶），分树冠中部外侧的4个方位进行采集。采样时间一般以8：00~10：00为宜。采10棵苹果树作为1个样品，采集数量根据叶片大小确定，大叶一般为50~100片。

（2）果实样品　进行“X”动态优化施肥试验的苹果园，要求每个处理都必须采样。基础施肥试验面积较大时，在平坦的苹果园可采用对角线法布点采样，由采样区的一角向另一角引一条对角线，在此线上等距离布设采样点；山地苹果园应按等高线均匀布点，采样点一般不应少于10个。对于树型较大的苹果树，采样时应在苹果树上、中、下、内、外部的果实着生方位（东、南、西、北）均匀采摘果实。将各点采摘的果实进行充分混合，按四分法缩分，根据检验项目要求，分取所需份数，每份20~30个果实，分别装入袋内，粘贴标签，扎紧袋口。

2. 苹果树植株样品的处理

（1）叶片样品　先将完整的植株叶片洗干净，洗涤方法是先将中性洗涤剂配成0.1%的水溶液，再将叶片置于其中洗涤30秒，取出后尽快用清水冲掉洗涤剂，再用0.2%盐酸溶液洗涤约30秒，然后用去离子水洗净。整个操作必须在2分钟内完成，以避免某些养分的损失。叶片洗净后必须尽快烘干，一般是先用滤纸吸去水分，置于105℃鼓风干燥箱中杀酶15~20分钟，然后保持在75~80℃条件下恒温烘干。烘干的样品从鼓风干燥箱取出冷却后随即放入塑料袋里，用手在袋外轻轻搓碎，然后在玛瑙研钵或玛瑙球磨机或不锈钢粉碎机中磨细（若仅测定大量元素，可使用瓷研钵或一般植物粉碎机磨细），用60目（孔径约为0.25毫米）尼龙网筛过筛。干燥且磨细的叶片样品，可用磨口玻璃瓶或塑料瓶贮存。若需长期保存，则必须将密封瓶置于－5℃冷藏。

（2）果实样品　果实样品测定品质（糖酸比等）时，应及时将果皮洗净并尽快进行，若不能马上进行分析测定，应暂时放入冰箱保存。需要测定养分的果实样品，洗净果皮后将果实切成小块，充分混匀后用四分法缩分至所需的数量，仿叶片干燥、磨细、贮存方法进行处理。

四、土壤与植株测试

土壤与植株测试是测土配方施肥技术的重要环节，起着关键性作用，也是制定养分配方的重要依据。农民自行采集的样品，可咨询专家，到当地土肥站进行测试。

1. 土壤测试

目前，土壤测试方法有3类：M3为主的土壤测试项目、ASI方法为主的土壤测试项目、目前采用的常规方法。在应用时可根据测土配方施肥的要求和条件，选择相应的土壤测试方法。对于一个具体的土壤区域来讲，一般需要测定某几项或多项指标（表4-1）。

表4-1　苹果树测土配方施肥和耕地地力评价样品测试项目汇总表

测试项目		苹果树测土配方施肥	耕地地力评价
1	土壤pH	必测	必测
2	石灰需要量	pH<6的样品必测	
3	土壤阳离子交换量	选测	
4	土壤水溶性盐分	必测	
5	土壤有机质	必测	必测
6	土壤全氮		必测
7	土壤有效磷	必测	必测
8	土壤速效钾	必测	必测
9	土壤交换性钙、镁	必测	
10	土壤有效铁、锰、铜、锌、硼	选测	

2. 植株测试

苹果树植株测试的项目见表4-2。

表 4-2　苹果树测土配方施肥植株样品测试项目汇总表

测试项目		必测或选测
1	全氮、全磷、全钾	必测
2	水分	必测
3	粗灰分	选测
4	全钙、全镁	选测
5	全硫	选测
6	全硼、全钼	选测
7	全量铜、锌、铁、锰	选测
8	硝态氮田间快速诊断	选测
9	苹果树叶片营养诊断	必测
10	叶片金属营养元素快速测试	选测
11	维生素 C	选测
12	硝酸盐	选测
13	可溶性固形物	选测
14	可溶性糖	选测
15	可滴定酸	选测

五、苹果树肥效试验

苹果树肥料田间试验设计推荐“2 + X”方法，分为基础施肥和动态优化施肥试验两个部分。“2”是指各地均应进行的以常规施肥和优化施肥 2 个处理为基础的对比施肥试验研究，其中常规施肥是当地大多数农户在苹果生产中习惯采用的施肥技术，优化施肥则为当地近期获得的苹果高产高效或优质适产施肥技术。“X”是指针对不同地区、不同品种的苹果树可能存在一些对生产和养分高效有较大影响的未知因子而不断进行的修正，以优化施肥处理的动态研究试验，未知因子包括不同种类苹果树的养分吸收规律、施肥量、施肥时期、养分配比及中、微量元素等。为了进一步阐明各个因子的作用特点，可有针对性地进一步安排试验，目的是为确定施肥方法及数量、验证土壤和苹果树叶片养分测试指标等提供依据，“X”的研究成果也将为进一步修正和完善优化施肥技术提供参考，最终形成新的测土配方施肥（集成优化施肥）技术，有利于在田间大面积应用、示范推广。

1. 基础施肥试验设计

基础施肥试验取“2 + X”中的“2”为试验处理数。采用常规施肥时，苹果树的施肥种类、数量、时期、方法和栽培管理措施均按照本地区大多数农户的生产习惯进行。优化施肥，即苹果树的高产高效或优质适产施肥技术，可以是科技部门的研究成果，也可为当地高产苹果园采用并经土壤肥料专家认可的优化施肥技术方案作为试验处理。优化施肥处理涉及施肥时期、肥料分配方式、水分管理、花果管理、整形修剪等技术，应根据当地情况与有关专家协商确定。

基础施肥试验是在大田条件下进行的生产应用性试验，可将面积适当增大，不设置重复。试验采用盛果期的正常结果树。

2. “X”动态优化施肥试验设计

“X”表示根据试验地区苹果树的立地条件、苹果树生长的潜在障碍因子、苹果园土壤肥力状况、苹果树品种、适产优质等内容，确定急需优化的技术内容方案，旨在不断完善并优化施肥处理。其中，氮、磷、钾通过采用土壤养分测试和叶片营养诊断丰缺指标法进行，中量元素钙、镁、硫和微量元素铁、锌、硼、钼、铜、锰宜采用叶片营养诊断临界指标法。“X”动态优化施肥试验可与基础施肥试验在同一试验条件下进行，也可单独布置试验。“X”动态优化施肥试验的每个处理应不少于4棵苹果树，需要设置3~4次重复，必须进行长期定位试验研究，至少有3年以上的试验结果。

“X”主要包括4个方面的试验设计，分别为：X_1，氮肥总量控制试验；X_2，氮肥分期调控试验；X_3，苹果树配方肥料试验；X_4，中、微量元素试验。“X”处理中涉及有机肥料，磷、钾肥的用量及施肥时期等应接近于优化管理；磷、钾肥，应根据土壤磷、钾测试值和目标产量确定施用量，根据苹果树养分规律确定施肥时期。各地根据实际情况，选择设置相应的“X”试验；如果认为磷肥或钾肥为限制因子，可根据需要将磷、钾单独设置几个处理。

(1) 氮肥总量控制试验（X_1） 根据苹果树目标产量和养分吸收特点来确定氮肥的适宜用量，主要设4个处理：①不施化学氮肥；②70%的优化施氮量；③优化施氮量；④130%的优化施氮量。其中，优化施氮量根据苹果树的目标产量、养分吸收特点和土壤养分状况确定，磷、钾肥按照正常优化施肥量投入。各处理详见表4-3。

表 4-3　苹果树氮肥总量控制试验方案

试验编号	试验内容	处　理	M	N	P	K
1	不施化学氮肥	$MN_0P_2K_2$	+	0	2	2
2	70%的优化施氮量	$MN_1P_2K_2$	+	1	2	2
3	优化施氮量	$MN_2P_2K_2$	+	2	2	2
4	130%的优化施氮量	$MN_3P_2K_2$	+	3	2	2

注：M 代表有机肥料；+：施用有机肥料，其中有机肥料的种类在当地应该有代表性，其施用量在当地为中等偏下水平，一般为 800～2400 千克/亩。有机肥料的氮、磷、钾养分含量需要测定。0：不施该种养分；1：适合当地生产条件下的推荐值的 70%；2：适合当地生产条件下的推荐值；3：过量施肥水平，为 2 水平氮肥适宜推荐量的 1.3 倍。

（2）氮肥分期调控试验（X_2）　试验设 3 个处理：①一次性施氮肥，选择当地农民习惯的一次性施氮肥时期（如苹果树在 3 月上中旬）；②分次施氮肥，根据苹果树营养规律分次施用（如分春季、夏季、秋季 3 次施用）；③分次简化施氮肥，根据苹果树营养规律及土壤特性在处理 2（分次施氮肥）的基础上进行简化（如苹果树可简化为夏季和秋季 2 次施用）。在采用优化施氮肥的基础上，根据苹果树需肥规律将磷、钾肥与氮肥按优化比例投入。

（3）苹果树配方肥料试验（X_3）　试验设 4 个处理：①农民常规施肥；②区域大配方施肥处理（大区域的氮、磷、钾配比，包括基肥型和追肥型）；③局部小调整施肥处理（根据当地土壤养分含量进行适当调整）；④新型肥料处理（选择在当地有推广价值且养分配比适合供试苹果树的新型肥料，如有机无机复混肥、缓控释肥料等）。

（4）中、微量元素试验（X_4）　苹果树所需的中、微量元素主要包括钙、镁、硫、铁、锌、硼、钼、铜、锰等，按照因缺补缺的原则，在氮、磷、钾肥优化的基础上，进行叶面施肥试验。

试验设 3 个处理：①不施肥处理，即不施中、微量元素肥料；②全施肥处理，施入可能缺乏的一种或多种中、微量元素肥料；③减素施肥处理，在处理 2（全施肥处理）的基础上，减去某一个中、微量元素肥料。

可根据区域及土壤情况设置处理 3（减素施肥处理）的试验处理数量。试验以叶面喷施为主，在苹果树关键生长时期施用，喷施次数相同，喷施浓度根据肥料种类和养分含量换算成适宜的百分比浓度。

六、苹果树施肥配方的确定

根据当前我国测土配方施肥技术工作的经验，肥料配方设计的核心是肥料用量的确定。肥料配方设计首先要确定氮、磷、钾养分的用量，然后确定相应的肥料组合，通过提供配方肥料或发放配肥通知单来指导农民使用。

1. 基于田块的肥料配方设计

肥料用量的确定方法主要包括土壤与植株测试推荐施肥方法、土壤养分丰缺指标法和养分平衡法。

（1）土壤与植株测试推荐施肥方法 该技术综合了目标产量法、养分丰缺指标法和作物营养诊断法的优点，在综合考虑有机肥料、作物秸秆应用和管理措施的基础上，根据氮、磷、钾和中、微量元素养分的不同特征，采取不同的养分优化调控与管理策略。其中，氮素推荐根据土壤供氮状况和作物需氮量，进行实时动态监测和精确调控，包括基肥和追肥的调控；磷、钾肥通过土壤测试和养分平衡进行监控；中、微量元素采用因缺补缺的矫正施肥策略。该技术包括氮素实时监控，磷、钾养分恒量监控和中、微量元素养分矫正施肥技术。

1）氮素实时监控施肥技术。根据苹果树目标产量确定苹果树需氮量，以需氮量的30%~60%作为基肥用量。具体基施比例根据土壤全氮含量，同时参照当地丰缺指标来确定，一般在全氮含量偏低时，采用需氮量的50%~60%作为基肥；在全氮含量居中时，采用需氮量的40%~50%作为基肥；在全氮含量偏高时，采用需氮量的30%~40%作为基肥。30%~60%的基肥比例可根据上述方法确定，并通过“3414”田间试验进行校验，建立当地不同品种苹果树的施肥指标体系。

氮肥追肥用量推荐以苹果树关键生育期的营养状况诊断或土壤硝态氮的测试为依据。这是实现氮肥施用准确推荐的关键环节，也是控制过量施氮或施氮不足、提高氮肥利用率和减少损失的重要措施。测试项目主要是土壤全氮、土壤硝态氮。

2）磷、钾养分恒量监控施肥技术。根据土壤有（速）效磷、钾的含量水平，以土壤有（速）效磷、钾养分不成为实现目标产量的限制因子为前提，通过土壤测试和养分平衡监控，使土壤有（速）效磷、钾含量保持在一定范围内。对于磷肥，基本思路是根据土壤有效磷测试结果和养分丰缺指标进行分级，当有效磷水平处在中等偏上时，可以将目标产量需要量（只包括带出田块的收获物）的100%~110%作为当年磷肥用量；

随着有效磷含量的增加，需要减少磷肥用量，直至不施；而随着有效磷的降低，需要适当增加磷肥用量；在极缺磷的土壤上，可以施需要量的150%~200%。在2~4年后再次测土时，根据土壤有效磷和产量的变化再对磷肥用量进行调整。对于钾肥，首先需要确定施用钾肥是否有效，再参照上面的方法确定钾肥用量，但需要考虑有机肥料和秸秆还田带入的钾量。一般苹果树磷、钾肥料全部用作基肥。

3）中、微量元素养分矫正施肥技术。中、微量元素养分的含量变幅大，苹果树对其需要量也各不相同。这主要与土壤特性（尤其是母质）、苹果树的种类和产量水平等有关。通过土壤测试评价土壤中、微量元素养分的丰缺状况，进行有针对性的因缺补缺的矫正施肥。

（2）养分平衡法　根据苹果树目标产量的需肥量与土壤供肥量之差估算目标产量的施肥量，通过施肥满足土壤供应不足的那部分养分。施肥量的计算公式为

$$施肥量=\frac{(目标产量所需养分总量-土壤供肥量)}{肥料中养分含量\times肥料当季利用率}$$

养分平衡法涉及目标产量、苹果树需肥量、土壤供肥量、肥料利用率和肥料中有效养分含量五大参数。目标产量确定后因土壤供肥量的确定方法不同，形成了地力差减法和土壤有效养分校正系数法两种。

地力差减法是根据苹果树目标产量与基础产量之差来计算施肥量的一种方法。其计算公式为

$$施肥量=\frac{(目标产量-基础产量)\times单位经济产量养分吸收量}{肥料中养分含量\times肥料利用率}$$

基础产量即苹果树肥效试验方案中无肥区的产量。

土壤有效养分校正系数法通过测定土壤有效养分含量来计算施肥量。其计算公式为

$$施肥量=\frac{(苹果树单位产量养分吸收量-目标测试值)\times土壤有效养分校正系数}{肥料中养分含量\times肥料利用率}$$

1）目标产量。目标产量可采用平均单产法来确定。平均单产法是以施肥区前3年平均单产和年递增率为基础确定目标产量，其计算公式为

$$目标产量=(1+递增率)\times前3年平均单产$$

一般苹果树的递增率以10%~15%为宜。

2）苹果树需肥量。通过对正常成熟的苹果树全株养分的化学分析，测定各种苹果树百千克经济产量所需养分量，即可获得苹果树需肥量。

$$苹果树目标产量所需养分量=\frac{目标产量(千克)}{100}\times 百千克产量所需养分量$$

如果没有试验条件，常见苹果树百千克经济产量所需养分量可按氮（N）0.30～0.34千克、磷（P_2O_5）0.08～0.11千克、钾（K_2O）0.21～0.32千克计算。

3）土壤供肥量。土壤供肥量可以通过测定基础产量、土壤有效养分校正系数两种方法估算。

通过测定基础产量估算，是将不施肥区苹果树所吸收的养分量作为土壤供肥量。

$$土壤供肥量=\frac{不施肥区苹果树产量(千克)}{100}\times 百千克产量所需养分量$$

通过土壤有效养分校正系数估算，是将土壤有效养分测定值乘一个校正系数，以表达土壤的“真实”供肥量，该系数称为土壤有效养分校正系数。

$$土壤有效养分校正系数=\frac{缺素区苹果树地上部分吸收该元素的量(千克/亩)}{该元素土壤测定值(毫克/千克)\times 0.15}$$

此处“0.15”是每千克耕层土壤中元素的量（毫克）换算成每亩耕层土壤中元素的量（千克）的换算系数。

4）肥料利用率。如果没有试验条件，常见肥料的当年利用率可参考表4-4。

表4-4　常见肥料的当年利用率

肥　　料	当年利用率（%）	肥　　料	当年利用率（%）
堆肥	25～30	尿素	60
一般圈粪	20～30	过磷酸钙	25
硫酸铵	70	钙镁磷肥	25
硝酸铵	65	硫酸钾	50
氯化铵	60	氯化钾	50
碳酸氢铵	55	草木灰	30～40

5）肥料养分含量。供施肥料包括无机肥料和有机肥料。无机肥料、有机肥料的养分含量参照其标明量；不明养分含量的有机肥料，其养分含量可参照当地不同类型有机肥料养分的平均含量。

2. 县域施肥分区与肥料配方设计

在GPS定位土壤采样与土壤测试的基础上，综合考虑行政区划、土壤类型、土壤质地、气象资料、种植结构、苹果树需肥规律等因素，借助信息技术生成区域性土壤养分空间变异图和县域施肥分区，优化设计不同分区的肥料配方。主要工作步骤如下：

（1）确定研究区域　一般以县级行政区域为施肥分区和肥料配方设计的研究单元。

（2）GPS定位指导下的土壤样品采集　土壤样品采集要求使用GPS定位，采样点的空间分布应相对均匀，如每100亩采集1个土壤样品，先在土壤图上大致确定采样位置，然后在标记点附近采集多点混合土样。

（3）土壤测试与土壤养分空间数据库的建立　将土壤测试数据和空间位置建立对应关系，形成空间数据库，以便能在GIS（地理信息系统）中进行分析。

（4）土壤养分分区图的制作　基于区域土壤养分分级指标，以GIS为操作平台，使用Kriging方法进行土壤养分空间插值，制作土壤养分分区图。

（5）施肥分区和肥料配方的生成　针对土壤养分的空间分布特征，结合苹果树养分需求规律和施肥决策系统，生成县域施肥分区图和分区肥料配方（表4-5）。

表4-5　测土配方施肥中分区肥料配方

农户姓名________　________省________县（市）________乡（镇）______村

编号____________________

	测 试 项 目	测试值	丰缺指标	养分水平评价		
				偏低	适宜	偏高
土壤测试数据	全氮/（克/千克）					
	硝态氮/（毫克/千克）					
	有效磷/（毫克/千克）					
	速效钾/（毫克/千克）					
	有效铁/（毫克/千克）					
	有效锰/（毫克/千克）					
	有效铜/（毫克/千克）					
	有效硼/（毫克/千克）					
	有效钼/（毫克/千克）					
	有机质/（克/千克）					

（续）

<table>
<tr><th rowspan="2">方案＼作物</th><th rowspan="2"></th><th colspan="5">目标产量/(千克/亩)</th></tr>
<tr><th>肥料配方</th><th>用量/(千克/亩)</th><th>施肥时间</th><th>施肥方式</th><th>施肥方法</th></tr>
<tr><td rowspan="2">推荐方案一</td><td>基肥</td><td></td><td></td><td></td><td></td><td></td></tr>
<tr><td>追肥</td><td></td><td></td><td></td><td></td><td></td></tr>
<tr><td rowspan="2">推荐方案二</td><td>基肥</td><td></td><td></td><td></td><td></td><td></td></tr>
<tr><td>追肥</td><td></td><td></td><td></td><td></td><td></td></tr>
</table>

测土施肥推荐单位：__________省__________县__________土壤肥料工作站（盖章）

责任人（签字）：

（6）肥料配方的校验　在肥料配方区域内针对特定苹果树，进行肥料配方验证。

七、苹果树测土配方施肥技术的推广应用

苹果树测土配方施肥技术推广应用的核心是施肥量的确定，确定苹果树施肥量的最简单方法就是：以结果量为基础，并根据品种特性、树势强弱、树龄、立地条件及诊断结果等加以调整。

1. 氮肥总量控制及磷、钾肥恒量监控技术

姜远茂等（2009年）针对苹果主产区施肥现状，提出在保证有机肥料施用的基础上，氮肥推荐采用总量控制、分期调控技术，磷、钾肥推荐采取恒量监控技术，中、微量元素采用因缺补缺。

（1）有机肥料推荐技术　考虑到苹果园有机肥料水平、产量水平和有机肥料的种类，苹果树有机肥料推荐用量参考表4-6。

表 4-6　苹果树有机肥料推荐用量

有机质含量/(克/千克)	有机肥料推荐用量/(千克/亩)			
	产量为2000千克/亩	产量为3000千克/亩	产量为4000千克/亩	产量为5000千克/亩
>15	1000	2000	3000	4000
>10~15	2000	3000	4000	5000
>5~10	3000	4000	5000	—
≤5	4000	5000	—	—

（2）氮肥推荐技术　考虑到土壤供氮能力和苹果产量水平，苹果树氮肥推荐用量参考表4-7。

表 4-7　苹果树氮肥（N）推荐用量

有机质含量/(克/千克)	氮肥推荐用量/(千克/亩)			
	产量为2000千克/亩	产量为3000千克/亩	产量为4000千克/亩	产量为5000千克/亩
<7.5	23.3~33.3	30~40	—	—
≥7.5~10	16.7~26.7	23.3~33.3	30~40	—
≥10~15	10~20	16.7~26.7	23.3~33.3	30~40
≥15~20	3.3~10	10~20	16.7~26.7	23.3~33.3
≥20	<3.3	3.3~10	10~20	16.7~26.7

（3）磷肥推荐技术　考虑到土壤供磷能力和苹果产量水平，苹果树磷肥推荐用量参考表4-8。

表 4-8　苹果树磷肥（P_2O_5）推荐用量

土壤速效磷/(毫克/千克)	磷肥推荐用量/(千克/亩)			
	产量为2000千克/亩	产量为3000千克/亩	产量为4000千克/亩	产量为5000千克/亩
<15	8~10	10~13	12~16	—
≥15~30	6~8	8~11	10~14	12~17
≥30~50	4~6	6~9	8~12	10~15
≥50~90	2~4	4~7	6~10	8~13
≥90	<2	<4	<6	<8

（4）钾肥推荐技术　考虑到土壤供钾能力和苹果产量水平，苹果树钾肥推荐用量参考表4-9。

表4-9　苹果树钾肥（K_2O）推荐用量

土壤交换钾/（毫克/千克）	钾肥推荐用量/（千克/亩）			
	产量为2000千克/亩	产量为3000千克/亩	产量为4000千克/亩	产量为5000千克/亩
<50	20~30	23.3~40	26.7~43.3	—
≥50~100	16.7~20	20~30	23.3~40	26.7~43.3
≥100~150	10~13.3	16.7~20	20~30	23.3~40
≥150~200	6.7~10	10~13.3	16.7~20	20~30
≥200	<6.7	6.7~10	10~13.3	16.7~20

（5）中、微量元素因缺补缺技术　根据土壤分析结果，对照临界指标，如果中、微量元素缺乏，就进行矫正（表4-10）。

表4-10　苹果产区中、微量元素丰缺指标及对应肥料用量

元素	提取方法	临界指标/（毫克/千克）	基施用量/（千克/亩）
锌	DTPA	0.5	硫酸锌：2.5~5.0
硼	沸水	0.5	硼砂：2.5~5.0
钙	醋酸铵	450	硝酸钙：10~20

2. 根据苹果树树龄或目标产量确定施肥量技术

（1）根据树龄确定施肥量　根据试验结果（顾曼如，1994）及综合有关资料确定不同树龄的苹果树年施肥量（表4-11）。

表4-11　不同树龄的苹果树年施肥量

树龄/年	有机肥料/（千克/亩）	尿素/（千克/亩）	过磷酸钙/（千克/亩）	硫酸钾/（千克/亩）
1~5	1000~1500	5~10	20~30	5~10
6~10	2000~3000	10~15	30~50	7.5~15
11~15	3000~4000	10~30	50~75	10~20
16~20	3000~4000	20~40	50~100	20~40
21~30	4000~5000	20~40	50~75	30~40
>30	4000~5000	40	50~75	20~40

辽南地区苹果树施肥量推荐见表4-12和表4-13。

表4-12 辽南地区不同树龄的单棵苹果树施肥量推荐表

树龄/年	产量/千克	有机肥料/千克	追肥/千克		
			硫酸铵	过磷酸钙	草木灰
1~5		100			
6~10	25~50	150~200	0.5~1.0	1.0~1.5	1.0~1.5
11~15	50~100	200~300	1.0~1.5	2.0~2.5	2.0~2.5
16~20	100~150	300~400	1.5~2.0	3.0~4.0	3.0~4.0
21~30	150~250	400~600	2.5~3.0	4.0~5.0	4.0~5.0
>30	>250	>600	>3.0~4.0	5.0~7.5	5.0~7.5

表4-13 辽南地区不同树龄的单棵小苹果施肥量推荐表

树龄/年	有机肥料/千克	硝酸铵/千克	过磷酸钙/千克	草木灰/千克
1~3	10~20	0.05~0.1		
4~6	25~50	0.25		
6~10	75	0.5~0.75	0.25	1.0~1.5
11~15	100	1.0	0.5	2.0~3.0
16~20	150	1.5~2.0	1.0~1.5	4.0~5.0

（2）根据种植地形和目标产量确定施肥量　例如，山西苹果主产区推荐施肥量（武怀庆，2005）见表4-14。

表4-14 山西苹果主产区推荐施肥量

区域	目标产量/(千克/亩)	有机肥料/(千克/亩)	氮/(千克/亩)	五氧化二磷/(千克/亩)	氧化钾/(千克/亩)	微肥/(千克/亩)
平川区	—	1500	4~6	3~4	4~6	硼、锌肥喷施
	500~1000	2000~3000	8~10	4~6	8~10	
	1000~1500	3000~4000	10~15	6~8	10~15	
	1500~2000	4000~5000	15~20	8~10	15~20	

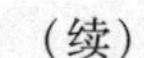

（续）

区域	目标产量/(千克/亩)	有机肥料/(千克/亩)	氮/(千克/亩)	五氧化二磷/(千克/亩)	氧化钾/(千克/亩)	微肥/(千克/亩)
丘陵山区	—	1500	4~6	4~5	4~6	硼、锌基肥和喷施
	500~1000	2000~3000	8~11	5~8	8~11	
	1000~1500	3000~4000	11~16	8~13	11~16	
	1500~2000	4000~5000	16~26	13~18	16~26	

（3）苹果树配套施肥技术 基肥以施用有机肥料为主，最宜秋施。秋施基肥的时间，以中熟品种采收后、晚熟品种采收前为最佳，一般为9月下旬~10月上旬。为了充分发挥肥效，可先将几种肥料一起堆腐，然后拌匀施用。基肥的施用量按有效成分计算，宜占全年总施肥量的70%左右，其中化肥的量应占全年的2/5。

苹果树追肥的时期和次数与气候、土壤、树种、树龄、树势等条件有关，追肥因树因地灵活安排。一般一年追肥2~4次。可根据实际情况，酌情增减。

1）花前（萌芽）追肥。追肥时间在土壤解冻后至萌芽开花前，应以速效氮肥为主，早施较好。对基肥不足或没有施基肥的苹果园、弱树、老树和结果过多的大树，此期应加大氮肥用量，促进萌芽、整齐开花，提高坐果率，加速营养生长；若树势强，或者上一年秋施基肥充足，或者历年施肥较多的苹果园，此期追肥可以少施或不施，也可将花前追肥推迟到花后。

2）花后追肥。花后追肥也称稳果肥，是在落花后坐果期施用，一般落花后立即进行。此期追肥以速效氮肥为主，配施少量磷、钾肥。一般苹果树花前追肥和花后追肥互相补充，如花前追肥量大，花后可少施或不施。

3）果实膨大和花芽分化期追肥。此期追肥以氮肥和磷肥为主，并适当配施钾肥。但追肥不能过早，否则正赶上新梢生长和果实膨大期，施肥反而容易引起新梢猛长，造成大量落果。对结果不多的大树或新梢尚未停长的初果树，要注意适量施用氮肥，否则易引起二次生长，影响花芽分化。

4）果实生长后期追肥。此期追肥应在早、中熟品种采收后，晚熟品种采收前施入。一般为8月下旬~9月中旬。此期追肥主要解决大量结果

造成树体营养物质亏缺和花芽分化的矛盾，尤其是晚熟品种后期追肥尤为必要。

（4）苹果树的根外追肥技术　在苹果树营养生长期，以喷施氮素肥料为主，浓度应偏低；生长季后期，以喷施磷、钾肥为主，浓度可偏高；花期可喷施氮、硼、钙肥等肥料或光合微肥。进行叶面喷施肥料主要是补充磷、钾、钙、镁、硼、铁、锰、锌等营养元素，具体见表4-15。

表4-15　苹果树的根外追肥

时期	种类、浓度	作　用	备　注
萌芽前	2%~3%尿素	促进萌芽、叶片、短枝发育，提高坐果率	可连续喷2~3次
	1%~2%硫酸锌	矫正小叶病，保证树体正常含锌	主要用于易缺锌的苹果园
萌芽后	0.3%尿素	促进叶片转色、短枝发育、提高坐果率	可连续喷2~3次
	0.3%~0.5%硫酸锌	矫正小叶病	用于出现小叶病的苹果园
花期	0.3%~0.4%硼酸	提高坐果率高	可连续喷2次
新梢旺长期	0.1%~0.2%柠檬酸铁或黄腐酸二铵铁	矫正缺铁黄叶病	可连续喷2次
5~6月	0.3%~0.4%硼酸	防治缩果病	
6~7月	0.2%~0.5%硝酸钙	防治枯痘病，改善品质	可连续喷2~3次
果实发育后期	0.4%~0.5%磷酸二氢钾	增加果实含糖量，促进着色	可连续喷3~4次
采收后至落叶前	0.5%尿素	延缓叶片衰老、提高贮藏营养	可连续喷3~4次，大年尤为重要
	0.3%~0.5%硫酸锌	矫正小叶病	主要用于易缺锌的苹果园
	0.4%~0.5%硼酸	矫正缺硼症	主要用于易缺硼的苹果园

3. 根据苹果树树势和土壤条件调整施肥技术

（1）根据树势合理追肥 主要有旺长树、衰弱树、结果壮树、大小年树等。

1）旺长树。追肥应避开新梢旺盛期，提倡“两停”追肥（春梢和秋梢停长期），尤其注重“秋停”追肥，有利于分配均衡、缓和旺长。应注重磷、钾肥，促进成花。春梢停长期追肥（5 月下旬~6 月上旬），时值花芽生理分化期，追肥以铵态氮肥为主，配合磷、钾肥，结合小水、适当干旱、提高浓度、促进发芽分化；秋梢停长期追肥（8 月下旬），时值秋梢花芽分化和芽体充实期，追肥应以磷、钾肥为主，补充氮肥，注重配方、有机充足。

2）衰弱树。应在旺长前期追施速效肥，以硝态氮肥为主，有利于促进生长。萌芽前追氮，配合浇水，加盖地膜。春梢旺长前追肥，配合大水。夏季借雨勤追，猛催秋梢，恢复树势。秋天带叶追，增加储备，提高芽质，促进秋根。

3）大小年树。“大年树”追肥时期宜在花芽分化前 1 个月左右，以利于促进花芽分化，增加第二年产量；追氮数量宜占全年总施氮量的1/3。“小年树”追肥宜在发芽前，或开花前及早进行，提高坐果率，增加当年产量；追氮数量宜占全年总施氮量的 1/3。

4）结果壮树。萌芽前追肥以硝态氮肥为主，有利于发芽抽梢、开花坐果。果实膨大期追肥，以磷、钾肥为主，配合铵态氮肥，加速果实增长，增糖增色。采收后补肥浇水，恢复树体，增加贮备。

（2）根据土壤条件合理追肥 主要根据土壤类型、保肥能力、营养丰缺具体安排。

1）沙质土苹果园，追肥少量多次浇小水，勤施少施，多追有机肥和复合肥，防止养分流失。

2）盐碱地苹果园，因 pH 高，许多营养元素，如磷、铁、硼易被固定，应注重多追有机肥、磷肥和微肥，最好和有机肥混用。

3）黏质土苹果园，因保肥保水强，透气性差，追肥次数可适当减少，多配合有机肥或局部优化施肥，协调水气矛盾，提高肥料有效性。

第二节 苹果树营养诊断施肥技术

营养诊断是通过植株分析、土壤分析及其生理生化指标的测定，

以及植物的外观形态观察等途径对植物营养状况进行客观的判断，从而指导科学施肥和改进管理措施。对苹果树进行营养诊断的途径主要有：缺素的外观诊断、土壤分析、叶片分析及其他一些理化性状的测定等。

一、苹果树的外观形态诊断

苹果树的外观形态诊断可在短时间内了解苹果树营养状况，方法简单易行，快速实用。

1. 苹果树缺素症的对照内容

根据苹果树的外观形态特征规律总结的缺素症对照内容如下：

1. 病症在衰老组织中先出现

(1) 老组织中不易出现斑点

1) 新叶呈浅绿色，老叶黄化焦枯、早衰…………………… 缺氮

2) 茎叶呈暗绿色或呈紫红色，生育期延迟 ……………… 缺磷

(2) 老组织中易出现斑点

1) 叶尖及边缘枯焦，并出现斑点，症状随生育期延长而加重 ………………………………………………………… 缺钾

2) 叶小、簇生，叶面斑点可能出现在主脉两侧先出现，生育期延迟 ………………………………………………… 缺锌

3) 叶脉间明显失绿，出现清晰的网状脉，有多种色泽斑点或斑块 …………………………………………………… 缺镁

2. 病症在新生的幼嫩组织中出现

(1) 顶芽易枯死

1) 叶尖呈弯钩状，并粘在一起，不易伸展………………… 缺钙

2) 茎、叶柄粗壮，薄脆易碎，花朵发育异常，生育期延长 … 缺硼

(2) 顶芽不易枯死

1) 新叶黄化，均匀失绿，生育期延迟……………………… 缺硫

2) 叶脉间失绿，出现褐色斑点，组织有坏死……………… 缺锰

3) 嫩叶萎蔫，有白色斑点，花朵和果实发育异常………… 缺铜

4) 叶脉间失绿，严重时整个叶片黄化甚至变白 ………… 缺铁

5) 幼叶黄绿，脉间失绿并肿大，叶片畸形，生长缓慢…… 缺钼

2. 苹果树缺素症的形态比较和鉴别

根据现有资料归纳的苹果树各种营养元素缺素症的种种表现见表4-16，方便科技人员及种植户能及时做出正确判断，及早加以矫正。

表 4-16　苹果树缺素症的形态比较和鉴别

受影响的部位 可能包括的元素	全株 氮（硫）	大体在老叶上 钾、镁、磷、钼	大体在新叶上 钙、硫、铜、铁、锰、锌
植株高度、叶片大小	正常	轻度降低	严重降低
可能包括的元素	硫、铁、锰、镁	氮、磷、钾、钙、硼、铜	锌、钼
叶的形状	正常	轻度畸形	严重畸形
可能包括的元素	氮、磷、钾、镁、铁	钼、铜	硼、锌
分蘖	正常	少	很少
可能包括的元素	镁、钾	锌	磷、氮
叶的结构（组织）	正常	硬化或易碎	高度易碎（非常脆）
可能包括的元素	氮、磷、钾、硫、铁	镁、钼	硼
失绿	正常	叶脉间或多斑点	整个叶片
可能包括的元素	磷	镁、钾、锰、锌	氮、硫、镁、铜
坏死（枯斑）	无→轻度		严重
可能包括的元素	氮、磷、硫、镁、锌、铁、锰		钾、钙、硼
畸形果实[①]	无		果实残缺[②]
可能包括的元素	氮、磷、钾、镁、锌、铁、锰		钙、硼、铜
引起病害程度	无	影响不大	影响大
可能包括的元素		氮、硫、镁、锌	钾、磷、钙

① 氮、磷、钾不足可能导致果实质量差。

② 果实残缺出现开裂、流胶现象、果实内部发黑。

3. 苹果树外观形态诊断要点

苹果树因缺素所表现出来的症状易于混淆，不容易判断。可在了解各种单个元素的缺素症的基础上，按照下列顺序进行检查，才能得到正确结论。

（1）组织（叶片）的位置　观察症状表现的叶片位置是新叶还是老叶，这是诊断的重要依据。可依据元素的性质并按照移动性分为两类。第一类是氮、磷、钾、镁、锌等在植物体内易移动的元素，当出现养分供应不足时，该类元素可以从老叶转移到新叶，因此出现症状首先在下部的老叶上。第二类则相反，主要是钙、硼、硫、锰、铜、铁、钼等在体内移动性差的元素，当出现养分供应不足时，症状首先出现在新生组织上。

（2）整株还是局部　以第一类为例，又可分为老组织中易于出现斑点的程度。不易出现斑点的有氮、磷等元素，后者有钾、锌、镁等元素。上述过程完成后，才是具体症状的鉴别，以缺钾、缺镁为例：叶脉间明显失绿，出现清晰网状脉，有多种色泽斑点或斑块为缺镁；叶尖及边缘枯焦，并出现斑点，症状随生育期延长而为缺钾。

再从第二类来看，共性症状出现在植株的幼嫩叶片上，生长缓慢，又可分为顶芽继续生长的，如缺锰、硫、铜、铁、钼；而顶芽易枯死的，如缺钙和硼。顶芽继续生长的，如锰、硫、铜、铁、钼、锌，又可以根据具体症状分别对待：新叶黄化，失绿均一，生育期延迟是缺硫；叶脉间失绿，出现褐色斑点，组织有坏死是缺锰；嫩叶萎蔫，有白色斑点，花朵、果实发育异常是缺铜；叶脉间失绿，严重时整个叶片黄化甚至变白是缺铁；幼叶黄绿，脉间失绿并肿大，叶片畸形，生长缓慢是缺钼。而顶芽易枯死的，如钙和硼，也可以根据具体症状分别对待叶尖弯钩状，并粘在一起，不易伸展为缺钙；茎、叶柄粗壮，薄脆易碎，花朵发育异常，生育期延长为缺硼。

4. 苹果树缺素症的诊断与补救

苹果树缺素症的诊断与补救办法可以参考表4-17。

表4-17　苹果树缺素症的诊断与补救办法

营养元素	缺素症状	补救办法
氮	新梢短而细，叶小直立，新梢下部的叶片逐渐失绿转黄，并不断向顶端发展，花芽形成少，果小早熟易落，须根多，大根少，新根发黄。严重缺氮时，嫩梢木质化后呈浅红褐色，叶柄、叶脉变红，严重者甚至造成生理落果	叶面喷施0.5%～0.8%尿素溶液2～3次
磷	新梢和根系生长势减弱，枝条细弱而分枝少，叶片小而薄，老叶呈古铜色，叶脉间出现浅绿色斑，幼叶呈暗绿色，叶柄、叶背呈紫色或紫红色。严重缺磷时，老叶会出现黄绿和深绿相间的花叶，甚至出现紫色、红色的斑块，叶缘出现半月形坏死，枝条茎部叶片早落，而顶端则长期保留一簇簇叶片。枝条下部芽不充实，春天不萌发，展叶开花迟缓，花芽少，果实着色面小，色泽差。树体抗逆性差，常引起早期落叶，产量下降。苹果树上早春或夏季生长较快的枝叶，几乎都呈紫红色，新梢末端的枝叶特别明显，这种现象是缺磷的重要特征	叶面喷施3%～5%过磷酸钙浸出液

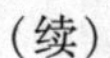

（续）

营养元素	缺素症状	补救办法
钾	根和新梢加粗，生长减弱，新梢细弱，叶尖和叶缘常发生褐红色枯斑，易受真菌危害，降低果实产量和品质。严重缺钾时，叶片从边缘向内焦枯，向下卷曲枯死而不易脱落，花芽小而多，果实色泽差，着色面小	叶面喷施0.2%~0.3%磷酸二氢钾2~3次，或1.5%硫酸钾溶液2~3次
钙	缺钙的果实，细胞间的黏结作用消失，细胞壁和中胶层变软，细胞破裂，贮藏期果实变软，甚至出现水心病、苦痘病（彩图15）	喷施0.2%~0.3%硝酸钙溶液3~4次
镁	幼树缺镁，新梢下部叶片先开始失绿，并逐渐脱落，仅先端残留几片软而薄的浅绿色叶片。成龄树缺镁，枝条老叶叶缘或叶脉间先失绿或坏死，后渐变黄褐色，新梢、嫩枝细长，抗寒力明显降低，并导致开花受抑，果小味差	在6~7月叶面喷施1%~2%硫酸镁溶液2~3次
铁	苹果树缺铁时，首先产生于新梢嫩叶，叶片变黄，俗称黄叶病。其表现是叶肉发黄，叶脉为绿色，呈典型的网状失绿。缺铁严重时，除叶片主脉靠近叶柄部分保持绿色外，其余部分均呈黄色或白色，甚至干枯死亡。随着病叶叶龄的增长和病情的发展，叶片失去光泽，叶片皱缩，叶缘变褐、破裂	发病严重的树发芽前可喷0.3%~0.5%硫酸亚铁（黑矾）溶液，或在果树中、短枝顶部1~3片叶失绿时，喷0.5%尿素+0.3%硫酸亚铁，每隔10~15天喷1次，连喷2~3次
锌	早春发芽晚，新梢节间极短，从基部向顶端逐渐落叶，叶片狭小、质脆、小叶簇生，俗称“小叶病”，数月后可出现枯梢或病枝枯死现象。病枝以下可再发新梢，新梢叶片初期正常，以后又变得窄长，产生花斑，花芽形成减少，且病枝上的花显著变小，不易坐果，果实小而畸形。幼树缺锌，根系发育不良，老树则有根系腐烂现象（彩图16）	在萌芽前喷2%~3%、展叶期喷0.1%~0.2%、秋季落叶前喷0.3%~0.5%硫酸锌溶液，重病苹果树连续喷2~3年可是缺素症得以大幅度缓解甚至治愈
锰	苹果树缺锰，常出现缺锰性失绿。从老叶叶缘开始，逐渐扩大到主脉间失绿，在中脉和主脉处出现宽度不等的绿边，严重时全叶黄化，而顶端叶仍为绿色	叶面喷施0.2%~0.3%硫酸锰溶液2~3次

（续）

营养元素	缺素症状	补救办法
硼	缺硼可使花器官发育不良，受精不良，落花落果加重发生，坐果率明显降低。叶片变黄并卷缩，叶柄和叶脉质脆易折断。严重缺硼时，根和新梢生长点枯死，根系生长变弱，还能导致苹果、梨、桃等果实畸形（即缩果病）。病果味淡而苦，果面凹凸不平，果皮下的部分果肉木栓化，致使果实扭曲、变形，严重时，木栓化的一边果皮开裂，形成品相差的所谓“猴头果”	在开花前，开花期和落花后各喷1次0.3%～0.5%硼砂溶液，溶液浓度发芽前为1%～2%，萌芽至花期为0.3%～0.5%
铜	最初叶片出现褐色斑点，扩大后变成深褐色，引起落叶，新生枝条顶端10～30厘米枯死，第二年春从枯死处下部的芽开始生长	喷施0.04%～0.06%硫酸铜溶液2～3次

二、苹果树的土壤分析态诊断

土壤分析诊断是通过判断土壤质地（表4-18）、土壤养分状况（表4-19和表4-20）等的变化，提出土壤养分供应状况、植物吸收水平及养分的亏缺程度，从而选择适宜的肥料补充养分的不足。

表4-18 土壤质地的手测法判断表

质地名称	干燥状态下在手指间挤压或摩擦的感觉	在湿润条件下揉搓塑型时的表现
沙土	几乎由沙粒组成，感觉粗糙，研磨时沙沙作响	不能成球形，用手捏成团，手松即散，不能成片
沙壤土	以沙粒为主，混有少量黏粒，很粗糙，研磨时有响声，干土块用小力即可捏碎	勉强可形成厚而极短的片状，能搓成表面不光华的小球，不能搓成条
轻壤土	干土块稍用力挤压即碎，手捻有粗糙感	片长不超过1厘米，片面较平整，可形成直径约3毫米的土条，但提起后易断裂
中壤土	干土块用较大力才能挤碎，为粗细不一的粉末，沙粒和黏粒的含量大致相同，稍感粗糙	可成较长的薄片，片面平整，但无反光，可以搓成直径约3毫米的土条，弯成2～3厘米的圆形时会断裂

（续）

质地名称	干燥状态下在手指间挤压或摩擦的感觉	在湿润条件下揉搓塑型时的表现
重壤土	干土块用大力才能破碎成为粗细不一的粉末，黏粒的含量较多，略有粗糙感	可成较长的薄片，片面光华，有弱反光，可以搓成直径约2毫米的细条，能弯成2~3厘米的圆形，压扁时有裂缝
黏土	干土块很硬，用力不能压碎，细而均一，有滑腻感	可成较长的薄片，片面光华，有强反光，可以搓成直径约2毫米的细条，能弯成2~3厘米的圆形，并且压扁时无裂缝

表4-19　土壤肥力等级诊断表

营养物质	较低	低	中等	高	很高
有机质含量/(克/千克)	<10	10~<20	20~<30	30~<50	≥50
碱解氮含量/(毫克/千克)	<50	50~<70	70~<90	90~<110	≥110
速效磷含量/(毫克/千克)	<5.5	5.5~<16	16~<34	34~<56	≥56
速效钾含量/(毫克/千克)	<30	30~<60	60~<100	100~<160	≥160

表4-20　土壤微量元素丰缺指标

元素	类别	分级指标			适用土壤
		低	中	高	
硼	有效硼/(毫克/千克)	0.25~<0.5	0.5~<1.0	≥1.0	
锰	活性锰/(毫克/千克)	50~<100	100~<200	200~<300	
锌	有效锌/(毫克/千克)(DTPA浸提)	0.5~<1.0	1.0~<2.0	≥2.0	石灰性土壤
	有效锌/(毫克/千克)(HCl浸提)	1.0~<1.5	1.5~<3.0	≥3.0	酸性土壤
铜	有效铜/(毫克/千克)(DTPA浸提)	<0.2	0.2~<1.0	≥1.0	石灰性土壤
	有效铜/(毫克/千克)(HCl浸提)	1.0~<2.0	2.0~<4.0	4.0~<6.0	酸性土壤
钼	有效钼/(毫克/千克)(草酸-草酸铵浸提)	0.10~<0.15	0.15~<0.20	≥0.2	

由于土壤分析诊断受到天气条件、土壤水分、通气状况、元素间相互作用等影响，使得土壤分析难以直接准确地反映植株的养分供求状况，但是对于新建苹果园和苗圃是必不可少的。对成龄苹果园来说，土壤分析诊断既能表示出各种元素的供应情况，又有助于印证树体营养诊断的结果，也能为苹果树外形诊断及其他诊断提供一些线索，还可以帮助找到苹果园缺素的诱因，提出缺素症的限制因子，印证营养诊断结果。因此，将土壤分析和外观形态诊断结合应用才有最大价值。

三、苹果树叶片分析诊断

一般可在苹果园用对角线法取样 25 株以上，即在开花后 8～12 周，取新梢基部向上第 7～8 片叶，按树冠东、西、南、北四个方向，每株 8 片共取 200 片叶。带回室内后，首先洗去叶柄上的污物，烘干研碎，测定硝酸氮、全磷、全钾、铁、锌、硼等元素的含量，根据叶片元素含量分析，与表 4-21 对照，进而判断肥效情况，制定施肥标准。

表 4-21　苹果树叶片分析诊断

元　素	成熟叶片含量	
	正常	缺乏
氮	21.3～27.5 克/千克	<17 克/千克
磷	1.3～2.5 克/千克	<1 克/千克
钾	10～21.5 克/千克	<10 克/千克
钙	10～20 克/千克	<7 克/千克
镁	2.4～5.0 克/千克	<2.4 克/千克
铁	80～235 毫克/千克	<60 毫克/千克
锌	20～60 毫克/千克	<16 毫克/千克
锰	30～150 毫克/千克	<25 毫克/千克
硼	22～50 毫克/千克	<20 毫克/千克
铜	5～12 毫克/千克	<4 毫克/千克

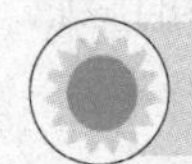

第三节　苹果树营养套餐施肥技术

近年来，农业农村部推广测土配方施肥技术采取“测土、试验、配方、配肥、供肥、施肥指导”一条龙服务的技术模式。因此，引入人体健康保健、营养套餐理念，在测土配方施肥技术的基础上建立作物营养套餐施肥技术，在提高或稳定作物产量基础上，改善作物品质、保护生态环境，为农业可持续发展做出相应的贡献。

一、苹果树营养套餐施肥技术的理念、创新与内涵

1. 苹果树营养套餐施肥技术的基本理念

苹果树营养套餐施肥技术是在总结和借鉴国内外作物科学施肥技术和综合应用最新研究成果的基础上，根据苹果树的养分需求规律，针对苹果树主产区的土壤养分特点、结构性能差异、最佳栽培条件及高产量、高质量、高效益的现代农业栽培目标，引入人体营养套餐理念，精心设计出的系统化的施肥方案。其核心理念是实现苹果树各种养分资源的科学配置及其高效综合利用，让苹果树“吃出营养”“吃出健康”“吃出高产高效”。

2. 苹果树营养套餐施肥技术的技术创新

苹果树营养套餐施肥技术有两大方面创新：一是从测土配方施肥技术中走出了简单掺混的误区，不仅仅是在测土的基础上设计苹果树需要的大、中、微量元素的数量组合，更重要的是为了满足苹果树养分需求中有机物营养和矿物质营养的定性配置。二是营养套餐施肥方案中，除了传统的根部施肥配方外，还强调配合施用高效专用或通用的配方叶面肥，使两种施肥方式互相补充、相互完善，起到施肥增效作用。

3. 苹果树营养套餐施肥技术与测土配方施肥技术的区别

苹果树营养套餐施肥技术与测土配方施肥技术的区别主要体现在两方面。

第一，测土配方施肥技术是以土壤为中心，而营养套餐施肥技术是以作物为中心。营养套餐施肥技术强调作物与养分的关系，因此，要针对不同的土壤理化性质、苹果树特性，制定多种配方，真正做到按土壤、按苹果树科学施肥。

第二，测土配方施肥技术施肥方式单一，而营养套餐施肥技术施肥方式多样。营养套餐施肥技术实行配方化底肥、配方化追肥和配方化叶面肥三者结合，属于系统工程，要做到不同的配方肥料产品之间和不同的施肥方式之间的有机配合，才能做到增产提效，做到科学施肥。

4. 苹果树营养套餐施肥技术的内涵

苹果树营养套餐施肥技术是通过引进和吸收国内外有关果树营养科学的最新技术成果，融肥料效应田间试验、土壤养分测试、营养套餐配方、

农用化学品加工、示范推广服务、效果校核评估为一体，技物结合连锁配送、技术服务到位的测土配方营养套餐系列化平台，逐步实现测土配方与营养套餐施肥技术的规范化、标准化。其技术内涵主要表现在以下方面。

（1）提高苹果树对养分的吸收能力 众所周知，苹果树生长所需要的养分主要通过根系吸收而来；但也能通过茎、叶等根外器官吸收养分。因此，促进苹果树根系生长就能够大大提高养分的吸收利用率。通过合理施用肥料、植物生长调节剂、菌肥菌药，以及适宜的农事管理措施，均能有效促进根系生长。

（2）解决养分的科学供给问题 首先，有机肥与无机肥并重。在苹果树营养套餐肥中一个极为重要的原则就是有机肥与无机肥并重，才能极大地提高肥效及经济效益，实现农业的“高产、优质、高效、生态和安全”五大战略目标。有机肥料是耕地土壤有机物质的主要来源，也是作物养分的直接供应者。大量的实践证明，有机肥料在供应作物有效营养成分和增肥改良土壤等方面的独特作用是化学肥料根本无法代替的。有机肥料是完全肥料，能够补给和更新土壤有机物质，改善土壤理化性状，提高土壤微生物活性和酶的活性，提高化肥的利用率，刺激生长，改善品质，提高作物的质量。作物营养套餐施肥技术的一个重要内容就是在底肥中配置一定数量的生态有机肥、生物有机肥等精制商品有机肥料，遵循有机肥与无机肥并重的施肥原则，达到补给土壤有机质、改良土壤结构、提高化肥利用率的目的。

其次，保证大量元素和中、微量元素的平衡供应。只有在大、中、微量养分平衡供应的情况下，才能大幅度提高养分的利用率，增进肥效。然而，随着农业的发展，微量元素的缺乏问题日益突出。其主要原因是：作物产量越高，微量元素养分的消耗越多；氮、磷、钾化肥用量的增加，加剧了养分平衡供应的矛盾；有机肥料用量减少，微量元素养分难以得到补充。

微量元素肥料的补充坚持根部补充与叶面补充相结合，充分重视叶面补充的重要性，喷施复合型微量元素肥料增产效果显著。复合型多元微量元素肥料含有农作物所需的各种微量元素养分，它不仅能全面补充微量元素养分，还体现了养分的平衡供给。对于微量营养元素铁、硼、锰、锌、钼来说，由于苹果树对其需要量很少，叶面施肥对于满足苹果树对微量营养元素的需要有着特别重要的意义。总之，从养分平衡和平衡施肥的角度出发，在苹果树营养套餐施肥技术中，十分重视在科学施用氮、磷、钾化

肥的基础上，合理施用生物肥料和有益元素肥。这将是21世纪提高作物产量的一项重要的施肥措施。

（3）灵活运用多种施肥技术是苹果树营养套餐技术的重要内容 第一，营养套餐施肥技术是肥料种类（品种）、施肥量、养分配比、施肥时期、施肥方法和施肥位置等项技术的总称。其中，第一项技术均与施肥效果密切有关。只有在平衡施肥的前提下，各种施肥技术之间相互配合，互相促进，才能发挥肥料的最大效果。第二，大量元素肥料因为作物需求量大，应以基肥和追肥为主，基肥应以有机肥料为主，追肥应以氮磷钾肥为主。选择肥效长且土壤中不易损失的肥料品种作为基肥。在北方地区，磷肥可以在底肥中一次性施足，钾肥可以在底肥和追肥中各安排一半，氮肥根据肥料品种的肥效长短和作物的生长周期的长短来确定。底肥中，一般要选用肥效长的肥料，如大颗粒尿素或以大颗粒尿素为原料制成的复混肥料。硝态氮肥和碳酸氢铵就不宜在底肥中大量施用。追肥可以选用速效性肥料（特别是硝态氮肥）。第三，微量元素因为作物的需求量小，坚持根部补充与叶面补充相结合，充分重视叶面补充的重要性。第四，在氮肥的施用上，提倡深施覆土，反对撒施肥料。对于苹果树来说，先撒肥后浇水只是一种折中的补救措施。第五，化肥的施用量是个核心问题，要根据苹果树具体的营养需求和各个时期的需肥规律确定合理的化肥用量，真正做到因苹果树施肥，按需施肥。第六，在考虑底肥的施用量时，要统筹考虑到追肥和叶面肥选用的品种和作用量，应做到各品种间的互相配合，互相促进，真正起到1+1+1>3的效果。

（4）坚持技术集成的原则，简化施肥程序与成本 农业生产是一个多种元素综合影响的生态系统，农业的高产、优质、高效只能是各种生产要素综合作用和最佳组合的结果。施肥技术在不断创新，新的肥料产品在不断涌现，源源不断地为农业生产提供增产增收的条件。要实现新产品、新技术的集成运用，相容互补，需要一个最佳的物化载体。农化人员在长期、大量的工作实践中发现，苹果树套餐专用肥是实施苹果树营养套餐施肥的最佳物化载体。

苹果树套餐专用肥是根据耕地土壤养分实际含量和苹果树的需肥规律，有针对性地配置生产出来的一种多元素掺混肥料。它具有以下几个特点：一是配方灵活，可以满足营养套餐配方的需要；二是生产设备投资小，生产成本低，竞争力强。年产10万吨的复合肥生产造粒设备需要500万元，同样年产10万吨作物套餐专用肥设备仅需50余万元，复合肥造粒

成本达120~150元/吨，而作物套餐专用肥仅为20~50元/吨，而且能源消耗少，每生产1吨肥仅耗电15千瓦·时。在能源日趋紧张的今天，这无疑是一条降低成本的有效途径，同时还减少了肥料中养分的损耗。三是苹果树套餐专用肥养分利用率高，并有利于保护环境。由于这种产品的颗粒大，养分释放较慢，肥效稳长，利于作物吸收，因而损失较少，可以减少肥料养分淋失，减少污染。四是添加各种新产品比较容易。苹果树套餐专用肥的生产工艺属于一种纯物理性质的搅拌（掺混）过程，只要解决了共容性问题，就可以容易地添加各种中、微量元素、各种控释尿素、硝态氮肥、各种有机物质，能够实现新产品的集成运用，形成相容互补的有利局面，能够真正帮助农民实现"只用一袋子肥料种地，也能实现增产增收"的梦想。

二、苹果树营养套餐施肥的技术环节

苹果树营养套餐施肥的重点技术环节主要包括：土壤样品的采集、制备与养分测试（参见测土配方施肥技术），肥料效应田间试验，测土配方营养套餐施肥的效果评价方法，县域施肥分区与营养套餐设计，苹果树营养套餐施肥技术的推广普及等。

1. 肥料效应田间试验

（1）示范方案 每万亩测土配方营养套餐施肥田设2~3个示范点，进行田间对比示范。示范点设置常规施肥对照区和测土配方营养套餐施肥区2个处理，另外，加设1个不施肥的空白处理。其中测土配方营养套餐施肥、农民常规施肥处理不少于200米^2，空白（不施肥）处理不少于30米^2。其他参照一般肥料试验要求。通过田间示范，综合比较肥料投入、作物产量、经济效益、肥料利用率等指标，客观评价测土配方营养套餐施肥效益，为测土配方营养套餐施肥技术参数的校正及进一步优化肥料配方提供依据。田间示范应包括规范的田间记录档案和示范报告。

（2）结果分析与数据汇总 对于每个示范点，可以利用3个处理之间产量、肥料成本、产值等方面的比较从增产和增收等角度进行分析，同时也可以通过测土配方营养套餐施肥产量结果与计划产量之间的比较进行参数校验。

（3）农户调查反馈 农户是营养套餐施肥的具体应用者，通过收集农户施肥数据进行分析是评价营养套餐施肥效果与技术准确度的重要手段，也是反馈修正肥料配方的基本途径。因此，需要进行农户测土配方施肥的反馈与评价工作。该项工作可以由各级配方施肥管理机构组织进行独立调查，结果可以作为营养套餐配方施肥执行情况评价的依据之一，也是社会监督和社会宣传的重要途径，甚至可以作为配方技术人员工作水平考核的依据。

测土样点农户的调查与跟踪每县苹果树选择30～50个农户，填写农户测土配方施肥田块管理记载反馈表，留作测土配方施肥反馈分析。反馈分析的主要目的是评价测土农户执行配方施肥推荐的情况和效果，建议配方的准确度。具体分析方法见下面测土配方施肥的效果评价方法。

农户施肥调查每县选择100户左右的农户，开展农户施肥调查，最好包括测土配方农户和常规施肥农户，调查内容略。主要目的是评价测土配方施肥与常规施肥相比的效益，具体方法见下节测土配方施肥的效果评价方法。

2. 测土配方营养套餐施肥的效果评价方法

（1）测土配方营养套餐施肥农户与常规施肥农户比较 从养分投入量、作物产量、效益方面进行评价。通过比较两类农户氮、磷、钾养分投入量来检验测土营养套餐施肥的节肥效果，也可利用结果分析与数据汇总的方法计算测土配方施肥的增产率、增收情况和投入产出效率。

（2）农户执行测土配方营养套餐施肥前后的比较 从农民执行测土配方施肥前后的养分投入量、作物产量、效益方面进行评价。通过比较农户采用测土配方施肥前后氮、磷、钾养分投入量来检验测土配方营养套餐施肥的节肥效果，也可利用结果分析与数据汇总中的方法计算测土配方营养套餐施肥的增产率、增收情况和投入产出效率。

（3）测土配方营养套餐施肥准确度的评价 从农户和苹果树两方面对测土配方营养套餐施肥技术准确度进行评价，主要比较测土推荐的目标产量和实践执行测土配方施肥后获得的产量来判断技术的准确度，找出存在的问题和需要改进的地方，包括推荐施肥方法是否合适、采用的配方参数是否合理、丰缺指标是否需要调整等，也可以作为配方人员技术水平的评价指标。

3. 县域施肥分区与营养套餐设计

（1）收集与分析研究有关资料 苹果树营养套餐施肥技术的涉及面极广，如土壤类型及其养分供应特点、当地的种植业结构、各种果树的养分需求规律、主要果树产量状况及发展目标、现阶段的土壤养分含量、农民的习惯施肥做法等，无不关系到技术推广的成败。要搞好测土配方营养

套餐施肥，只有大量收集与分析研究这些有关资料，才能做出正确的科学施肥方案。例如，当地的第二次土壤普查资料、主栽苹果树的种植生产技术现状、农民现有施肥特点、作物养分需求状况、肥料施用及作物技术的田间试验数据等，尤其是当地的土地利用现状图、土壤养分图等更应关注，可作为县城肥分区制定的重要参考资料。

（2）确定研究区域　所谓确定研究区域，就是按照本区域的主栽苹果树品种及土壤肥力状况，分成若干县域施肥区域，根据各类施肥区内的测土化验资料（没有当时的测试资料也可参照第二次土壤普查的数据）和肥料田间试验结果，结合当地农民的实践经验，确定该区域的营养套餐施肥技术方案。具体应用时，一般以县为单位，按其自然区域及主栽苹果树分为几个套餐配方施肥区域，每个区又按土壤肥力水平分成若干个施肥分区，并分别制订分区内（主栽苹果树）的营养套餐施肥技术方案。

（3）县级土壤养分分区图的制作　县级土壤养分分区图编制的基础资料便是分区区域内的土壤采样分析测试资料。如果资料不够完整，也可参照第二次土壤普查资料及肥料田间试验资料编制。首先，将该分区内的土壤采样点标在施肥区域的土壤图上，并综合大、中、微量元素含量制订出整个分区的土壤养分含量的标准。例如，某县东部（或东北部）中氮高磷低钾缺锌，西部（或西北部）低氮中磷低钾缺锌、硼，北部（西北部）中氮中磷中钾缺锌等，并大致勾画出主要大部分元素变化分区界线，形成完整的县域养分分区图。原则上，每个施肥分区可以形成2～3个推荐施肥单元，用不同颜色分界。

（4）施肥分区和营养套餐方案的形成　根据当地的苹果树栽培目标及养分丰缺现状，并且认真考虑影响该种苹果树产量、品质、安全的主要限制因子等，就可以科学制订当地的施肥分区的营养套餐施肥技术方案了。

苹果树营养套餐施肥技术方案应根据如下内容：当地主栽苹果树的养分需求特点；当地农民现行施肥的误区；当地土壤的养分丰缺现状与主要增产限制因子；营养套餐施肥技术方案。

营养套餐施肥技术方案：①基肥的种类及推荐用量；②追肥的种类及推荐用量；③叶面肥的喷施时期与种类、用量推荐；④主要病虫草害的有效农用化学品投入时间、种类、用量及用法；⑤其他集成配套技术。

4. 苹果树营养套餐施肥技术的推广普及

（1）组织实施　以县、镇农技推广部门为主，企业积极参与，成立营养套餐施肥专家技术服务队伍；以点带面，推广苹果树营养套餐施肥技术；建立苹果树营养套餐施肥技物结合、连锁配送的生产、供应体系；按照“讲给农民听、做给农民看、带着农民干”的方式，开展苹果树营养套餐施肥技术的推广普及工作。

（2）宣传发动 广泛利用多媒体宣传；层层动员和认真落实，让苹果树营养套餐施肥技术进村入户；召开现场会，扩大苹果树营养套餐技术影响。

（3）技术服务 培训苹果树营养套餐施肥专业技术队伍；培训农民科技示范户；培训广大农民；强化生产中服务，提高技术服务到位率。

三、苹果树营养套餐肥料的生产

苹果树营养套餐肥料是一种肥料组合，往往包括苹果树营养套餐专用底肥、专用追肥、专用根外追肥等。

1. 苹果树营养套餐肥特点

苹果树营养套餐肥料是根据苹果树营养需求特点，考虑到最终为人体营养服务，在增加产量的基础上，能够改善农产品品质，确保农产品安全，减少环境污染，减少农业生产环节，并能提供多种营养需求的组合肥料。这种肥料属于多功能肥料，不仅具有提供果树养分的功能，往往还具有一些附加功能；也属于新型肥料范畴，不仅含有氮、磷、钾及中、微量元素，往往还有有机生长素、增效剂、添加剂等功能性物质。通过试验应用证明，营养套餐肥料对现代农业生产具有重要的作用。

（1）提高耕地质量 由于苹果树营养套餐肥料产品中含有有机物质或活性有机物物质和苹果树需要的多种营养元素，具有一定的保水性和改善土壤理化性状，以及改善苹果树根系生态环境作用，施用后可增加苹果产量，增加了留在土壤中的残留有机物，上述诸多因素对提高土壤有机质含量、增加土壤养分供应能力、提高土壤保水性、改善土壤宜耕性等方面都有良好作用。

（2）提高产量、耐贮性等 在测土配方施肥技术的基础上，根据某个地区、某种苹果树的需要生产的一个组合肥料，考虑到根部营养和后期叶部营养，营养全面，功能多样化，因此，施用后在改良土壤的基础上优化苹果树根系生态环境，能使苹果树健壮生长发育，促进作物提高产量。

（3）改善苹果树品质 苹果树品质主要是指果品的营养成分、安全品质和商品品质。营养成分是指蛋白质、氨基酸、维生素等营养成分的含

量；安全品质是指化肥、农药的有害残留多少；商品品质是指苹果外观与耐贮性等。这些都与施肥有密切关系。施用苹果树营养套餐肥料，可促进作物品质的改善，如增加蛋白质、维生素、脂肪等营养成分；肥料中的有机物质或活性微生物能够减少化肥、农药等有害物质的残留，提高果品的外观色泽和耐贮性等。

（4）确保果品安全，减少环境污染　苹果树营养套餐肥料考虑了土壤、肥料、作物等多方面关系，考虑了有机营养与无机营养、营养物质与其他功能性物质、根据营养与叶面营养等配合施用，因此肥料利用率高，减少肥料的损失和残留；同时肥料中的有机物质或活性微生物能够减少化肥、农药等有害物质的残留，减少污染，确保果品安全和保护农业生态环境。

（5）多功能性　苹果树营养套餐肥料考虑了大量营养元素与中、微量营养元素相结合、肥料与其他功能物质相结合，可做到一品多用，施用1次肥料发挥多种功效，肥料利用率高，可减少肥料施用次数和数量，减少了农业生产环节，降低了农事劳动强度，从而降低农业生产费用，使农民增产增收。

（6）实用性、针对性强　苹果树营养套餐肥料可根据其的需肥特点和土壤供给养分情况及种植苹果树的情况，灵活确定氮、磷、钾、中量元素、微量元素、功能性物质的配方，从而形成系列多功能肥料配方。当条件发生变化时，又可以及时加以调整。对于某一具体产品，用于特定的土壤和果树的施用量、施用期、施用方法等都有明确具体的要求，产品施用方便，施用安全，促进农业优质高产，使农户增产增收。

2. 苹果树营养套餐肥料的类型

目前没有一个公认的分类方法，可以根据肥料用途、性质、生产工艺等进行分类。

（1）按性质分类　可分为无机营养套餐肥、有机营养套餐肥、微生物营养套餐肥、有机无机营养套餐肥、缓释型营养套餐肥等。

（2）按生产工艺分类　可分为颗粒掺混型、干粉混合造粒型、包裹型、流体型、熔体造粒型、叶面喷施型等。叶面喷施型又可分为液体型和固体型。

3. 苹果树营养套餐肥的生产原料

（1）苹果树营养套餐肥的主要原料

1）大量营养元素肥料。氮素肥料主要有尿素、氯化铵、硝酸铵、硫酸铵、碳酸氢铵等可作为营养套餐肥的生产原料。磷素原料主要有过磷酸钙、重过磷酸钙、钙镁磷肥、磷酸一铵、磷酸二铵等。钾素原料主要是硫酸钾、氯化钾、硫酸钾镁肥和磷酸二氢钾等。

2）中量营养元素肥料。钙肥主要采用磷肥中含钙磷肥，如过磷酸钙、重过磷酸钙、钙镁磷肥进行补充，不足的可用石膏等进行添加。镁肥主要是硫酸镁、氯化镁、硫酸钾镁、钾镁肥、钙镁磷肥等。硫肥主要硫酸铵、过磷酸钙、硫酸钾、硫酸镁、硫酸钾镁、石膏、硫黄、硫酸亚铁等。硅肥主要是硅酸钠、硅钙钾肥、钙镁磷肥、钾钙肥等。

3）微量营养元素肥料。微量元素肥料主要是一些含硼、锌、钼、锰、铁、铜等营养元素的无机盐类和氧化物。肥源有无机微肥、有机微肥和有机螯合态微肥，由于价格原因，一般选用无机微肥。

4）有机活性原料。主要是指含某种功能性的有机物经加工处理后成为具有某种活性的有机物质，也可用作苹果树营养套餐肥的原料。有机活性原料具有高效有机肥的诸多功能：含有杀虫活性物质、杀菌活性物质、调节生长活性物质等，主要种类见表4-22。

表4-22　含有功能性有机原料的种类

类　别	物料名称
有机酸类	氨基酸及其衍生物、螯合物，腐殖酸类物质，柠檬酸等有机物
楝素类	苦楝树和川楝树的种子、枝、叶、根
野生植物	鸡骨草、苦豆子、苦参、除虫菊、羊角拗、百部、黄连、天南星、雷公藤、狼毒、鱼藤、苦皮藤、茼蒿、皂角、闹羊花等
饼粕类	菜籽饼、棉籽饼、蓖麻籽饼、豆饼等
作物秸秆	辣椒秸秆、烟草秸秆、棉花秸秆、番茄秸秆等

这些有机物要经过粉碎、润湿、调碳氮比、调pH、加入菌剂、干燥后方可作为备用原料待用。

5）微生物肥料。主要有固氮菌肥料、根瘤菌肥料、磷细菌肥料、硅酸盐细菌肥料、抗生菌肥料、复合微生物肥料、生物有机肥等。

6）农用稀土。目前我国定点生产和使用的农用稀土制品称为“农乐”益植素NL系列，简称“农乐”或“常乐”，是混合稀土元素的硝酸盐，主要成分为硝酸镧、硝酸铈等。含稀土氧化物含量37%~40%、氧化镧25%~28%、氧化铈49%~51%、氧化铵14%~16%，其他稀土元素小

于1%。

7）有关添加剂。主要是生物制剂、调理剂、增效剂等。

① 生物制剂。可用植物提取物、有益菌代谢物、发酵提取物等，具有防止病虫害、促进植物健壮生长、提高作物抗逆、抗寒和抗旱能力等功效。

② 调理剂。也称黏结剂，是指营养套餐肥生产中加入的功能性物质，是营养套餐肥生产中加入的有助于减少造粒难度，在干燥后得到比较紧实通常也比较坚硬的一类具有黏结性的物质。如沸石、硅藻土、凹凸棒粉、石膏粉、海泡石、高岭土等。

③ 增效剂。由天然物质经生化处理提取的活性物质，可提高肥料利用率，促进作物提高产量和改善品质。

（2）苹果树营养套餐肥配料的原则

1）确保产品具有良好的物理性状。固体型营养套餐肥生产时多种肥料、功能性物质混配后应确保产品不产生不良的物理性状，如不能结块等。液体型营养套餐肥生产时应保证产品沉淀物小于5%，产品呈清液或乳状液体。

2）原料的“可配性”及“塑性”。多种肥料、功能性物质的合理配伍是保证营养套餐肥产品质量的关键。营养套餐肥生产时必须了解所选原料的组成成分及共存性，要求多种肥料、功能性物质之间不产生化学反应，肥效不能低于单质肥料。

各种营养元素之间的配伍性有三类，即可混配型、不可混配型和有限混配型。可混配型的原料在混配时，有效养分不发生损失或退化，其物理性质可得到改善。不可混配型的原料在混配时可能会出现：吸湿性增强，物理性状变坏；发生化学反应，造成养分挥发损失；养分由有效性向难溶性转变，导致有效成分降低。有限混配型是指在一定条件下可以混配的肥料类型。具体可参考复混肥料相关内容。

生产中使用的原料应注意其“可配性”，避免不相配伍的原料同时配伍。微量元素和稀土应尽量采用氨基酸螯合，避免某些元素间相互拮抗，如稀土元素与有效五氧化二磷间拮抗。当需要两种不相配伍的原料来配伍成营养套餐肥料时，应尽量将两种原料分别进行预处理，使用某几种惰性物质将其隔离，不相互直接接触，便于预处理，或将其分别包裹粒化制成掺混型营养套餐肥料。当配伍的原料都不具塑性时，除采用能带入营养元素并能与原料中一种或几种发生化学反应而有益于团粒外，黏结剂要选用能改良土壤的酸胺类，或采用在土壤内经微生物细菌作用能完全降解的聚乙烯醇之类的高分子化合物。

3）提高肥效。多种肥料之间及与其他功能性物质之间合理混配后，能表现出良好的相互增效效应。

四、主要苹果树营养套餐肥料

目前，我国各大肥料生产厂家生产的果树营养套餐肥料品种主要有以下类型：一是根据施肥用的增效肥料、有机型作物专用肥、有机型缓释复混肥、功能性生物有机肥等；二是叶面喷施用的螯合态高活性水溶肥；三是其他一些专用营养套餐肥，如滴灌用的长效水溶性滴灌肥、育秧用的保健型壮秧剂等。

1. 增效肥料

一些化学肥料等，在基本不改变其生产工艺的基础上，利用简单的设备，向肥料中直接添加增效剂所生产的增值产品。增效剂是指利用海藻、腐殖酸和氨基酸等天然物质经改性获得的、可以提高肥料利用率的物质。经过包裹、腐殖酸化等可提高单质肥料的利用率，减少肥料损失，作为营养套餐肥的追肥品种。

(1) 包裹型长效腐殖酸尿素 包裹型长效腐殖酸尿素是用腐殖酸经过活化在少量介质参与下，与尿素包裹反应生成腐殖酸-脲络合物及包裹层。产品核心为尿素，尿素的表层为活性腐殖酸与尿素反应形成络合层，外层为活性腐殖酸包裹层，包裹层量占产品的10%~20%（不同型号含量不同）。产品含氮量大于或等于30%，有机物质含量大于或等于10%，中量元素含量大于或等于1%，微量元素含量大于或等于1%。

包裹型长效腐殖酸尿素是用风化煤、尿素与少量介质，在常温常压下，通过化学物理反应实现腐殖酸与尿素反应包裹制备包裹型长效腐殖酸尿素。包裹型长效腐殖酸尿素同时充分发挥了腐殖酸对氮素增效作用、生物活性及其他生态效应。产品为有机复合尿素，氮素速效和缓效兼备，属缓释型尿素，可用于做制备各种缓释型专用复混肥基质。连续使用包裹型长效腐殖酸尿素，土壤有机质比使用尿素高，土壤容重比使用尿素低，能培肥土壤，增强农业发展后劲。包裹型长效腐殖酸尿素肥效长，氮素利用率高，增产效果明显。试验结果统计：包裹型长效腐殖酸尿素肥效比尿素长30~35天，施肥35天后在土壤中保留的氮比尿素多40%~50%；氮素利用率比尿素平均提高10.4%（相对提高38.1%）。

（2）硅包缓释尿素　硅包缓释尿素为硅肥包裹尿素，消除化肥对农产品质量的不良影响，同时提高化肥利用率，减少尿素的淋失，提高土壤肥力，方便农民使用。肥料中加入中、微量营养元素，可以平衡作物营养。硅包缓释尿素减缓氮的释放速度，有利于减少尿素的流失。硅包缓释尿素使用高分子化合物作为包裹造粒黏合剂，使粉状硅肥与尿素紧密包裹，延长了尿素的肥效，消除了尿素的副作用，使产品具有“抗倒伏、抗干旱、抗病虫，促进光合作用、促进根系生长发育、促进养分利用”的“三抗三促”功能。目前该产品技术指标见表4-23。该产品施用方法同尿素。

表4-23　硅包尿素产品技术指标（%）

成　分	高浓度	中浓度	低浓度
氮含量≥	30	20	10
活性硅≥	6	10	15
中量元素≥	6	10	15
微量元素≥	1	1	1
水分	5	5	5

硅包缓释尿素与单质尿素相比较，具有以下作用：提高植物对硅素的利用，有利于植物光合作用进行；增强植物对病虫害的抵抗能力，增强植物的抗倒伏能力；减少土壤对磷的固定，改良土壤酸性，消除重金属污染；改善作物品质，使色香味俱佳。

（3）树脂包膜的尿素　树脂包膜的尿素是采用各种不同的树脂材料，主要由于释放慢，起到长效和缓效的作用，可以减少一些作物追肥的次数，玉米采用长效尿素可实现一次性施用底肥，改变以往在小喇叭口期或大喇叭口期追肥的不便，在水稻田可以在插秧时一次施足肥料即可以减少多次作用的进行。试验结果表明使用包衣尿素可以节省常规用量的50%。

树脂包膜尿素的关键是包膜的均匀性和可控性以及包层的稳定性，有一些包膜尿素包层很脆甚至在运输过程中就容易脱落影响包衣的效果，包衣的薄厚不均匀，释放速率不一样也是影响包膜尿素应用效果的一个因素。目前包膜尿素还存在一个问题，有的包膜过程比较复杂、包衣材料价格比较高，使成本增加过高。影响肥料的应用范围，有些包膜材料在土壤中不容易降解，长期连续使用也会造成对土壤环境的污染，破坏土壤的物理性状。目前很多人都在进行包衣尿素的研究通过新工艺，新材料的挖掘使得包衣尿素更完整。

（4）腐殖酸型过磷酸钙 该肥料是应用优质的腐殖酸与过磷酸钙，在促释剂和螯合剂的作用下，经过化学反应形成的HA-P复合物，能够有效地抑制肥料成品中有效磷的固定，减缓磷肥从速效性向迟效和无效的转化，可以使土壤对磷的固定减少16%以上，磷肥肥效提高10%～20%。该产品有效磷含量大于或等于10%。

腐殖酸型过磷酸钙能够为作物提供充足养分，刺激农作物生理代谢，促进作物生长发育；能够提高氮肥的利用率，促进作物根系对磷的吸收，使钾缓慢分解；能够改良土壤结构，提高土壤保肥水能力；能够增强作物的抗逆性，减少病虫害；能够改善作物品质，促进各种养分向果实、籽粒输送，使农产品质量好、营养高。

（5）增效磷酸二铵 增效磷酸二铵是应用NAM长效缓释技术研发的一种新型长效缓释肥，总养分量53%（14-39-0）。产品特有的保氮、控氨、解磷HLS集成动力系统，改变了养分释放模式，解除磷的固定，促进磷的扩散吸收，比常规磷酸二胺养分利用率提高一倍左右，磷提高50%左右，并可使追肥中施用的普通尿素提高利用率，延长肥效期，做到底肥长效、追肥减量。施用方法与普通磷酸二铵相同，施肥量可减少20%左右。

2. 有机酸型专用肥及复混肥

（1）有机酸型苹果树专用肥 有机酸型苹果树专用肥是根据不同作物的需肥特性和土壤特点，在测土配方施肥基础上，在传统作物专用肥基础上添加腐殖酸、氨基酸、生物制剂、螯合态微量元素、中量元素、生物制剂、增效剂、调理剂等，进行科学配方设计生产的一类有机无机复混肥料。其剂型有粉粒状、颗粒状和液体3种，可用于基肥、种肥和追肥。

根据有关厂家在全国22个省的试验结果表明，有机酸型果树专用肥肥效持续时间长、针对性强，养分之间有联应效果，能把物化的科学施肥技术与产品融为一体，可获得明显的增产、增收效果。

综合各地苹果配方肥配制资料，有机酸型苹果树专用肥基础肥料选用及用量（1吨产品）如下：

配方1：建议氮、磷、钾总养分量为40%，氮、磷、钾比例分别为1∶0.86∶1。硫酸铵100千克、尿素255千克、磷酸一铵213千克、氨化过磷酸钙100千克、硫酸钾100千克、氯化钾150千克、氨基酸锌硼锰铁铜

23 千克、生物制剂 20 千克、增效剂 10 千克、调理剂 29 千克。

配方 2：建议氮、磷、钾总养分量为 30%，氮、磷、钾比例分别为 1∶0.38∶0.92。硫酸铵 100 千克、尿素 193 千克、磷酸一铵 80 千克、过磷酸钙 150 千克、钙镁磷肥 15 千克、硫酸钾 240 千克、氨基酸硼 10 千克、氨基酸铁锌钙稀土 20 千克、硝基腐殖酸铵 100 千克、生物制剂 30 千克、增效剂 10 千克、调理剂 52 千克。

配方 3：建议氮、磷、钾总养分量为 25%，氮、磷、钾比例分别为 1∶1∶1.13。硫酸铵 100 千克、尿素 113 千克、磷酸一铵 50 千克、过磷酸钙 357 千克、钙镁磷肥 25 千克、硫酸钾 180 千克、氨基酸硼 8 千克、氨基酸锌锰铁稀土 15 千克、硝基腐殖酸 95 千克、生物制剂 20 千克、增效剂 10 千克、调理剂 27 千克。

（2）腐殖酸型高效缓释复混肥　腐殖酸型高效缓释复混肥是在复混肥产品中配置了腐殖酸等有机成分，采用先进生产工艺与制造技术，实现化肥与腐殖酸肥的有机结合，大、中、微量元素、有益元素的结合。例如，云南金星化工有限公司生产的品种有：15-5-20 含量的腐殖酸型高效缓释复混肥是针对需钾较高的作物设计；18-8-4 含量的腐殖酸型高效缓释复混肥是为需氮较高的作物设计。

腐殖酸型高效缓释复混肥具有以下特点：一是有效成分利用率高。腐殖酸型高效缓释复混肥中氮的有效成分利用率可达 50% 左右，比尿素提高 20%；有效磷的利用率可达 30% 以上，比普通过磷酸钙高出 10%～16%。二是肥料中的腐殖酸成分，能显著促进苹果树根系生长，有效地协调苹果树营养生长和生殖生长的关系。腐殖酸能有效地促进苹果树的光合作用，调节生理，增强苹果树对不良环境的抵抗力。腐殖酸可促进苹果树对营养元素的吸收利用，提高作物体内酶的活性，改善和提高苹果树产品的品质。

（3）腐殖酸涂层缓释肥　腐殖酸涂层缓释肥，有的也称腐殖酸涂层长效肥、腐殖酸涂层缓释 BB 肥等。它是应用涂层肥料专利技术，配合氨酸造粒工艺生产的多效螯合缓释肥料。目前主要配方类型有 15-10-15、15-5-20、20-4-16、18-5-13、23-15-7、15-5-10、17-5-8 等。

腐殖酸涂层缓释肥与以塑料（树脂）为包膜材料的缓控释肥不同，腐殖酸涂层缓释肥料选择的缓释材料都可当季转化为苹果树可吸收的养分或成为土壤有机质成分，具有改善土壤结构，提升可持续生产能力的作用。同时，促控分离的缓释增效模式，是目前市场唯一对氮、磷、钾养分

分别进行增效处理的多元素肥料，具有省肥、省水、省工、增产增收的特点，比一般复合肥利用率提高 10 个百分点，苹果树平均增产 15%、省肥 20%、省水 30%、省工 30%，与习惯施肥对照，每亩节本增效 200 元以上。

腐殖酸涂层缓释肥具有以下特点：一是突破传统技术，产生了全新的“膜反应与团絮结构”缓释高效理论。二是腐殖酸涂层缓释肥的涂膜薄而轻，不会降低肥料中有效养分含量；涂膜是一种亲水性的有机无机复合胶体，可减少有效养分的淋溶、渗透或挥发损失，减少水分蒸发，提高作物抗旱性。三是腐殖酸涂层缓释肥含有多种中、微量营养元素，是一种高效、长效、多效的新型缓释肥，施用技术简单，多为一次性施用。

（4）含促生真菌有机无机复混肥 含促生真菌有机无机复混肥是在有机无机复混肥生产中，采用最新的生物、化学、物理综合技术，添加促生真菌孢子粉（PPF）生产的一种新型肥料。目前主要配方类型有 17-5-8、20-0-10 等。

促生真菌具有四大特殊功能：一是能够分泌各种生理活性物质，提高作物发根力，提高作物的抗旱性、抗盐性等；二是能够产生大量的纤维素酶，加速土壤有机质的分解，增加作物的可吸收养分；三是分泌的代谢产物可抑制土壤病原菌、病毒的生长与繁殖，净化土壤；四是可促进土壤中难溶性磷的分解，增加作物对磷的吸收。

经试验证明，含促生真菌有机无机复混肥能够使肥料有效成分利用率提高 10%~20%，并减少养分流失导致的环境污染；该肥料为通用型肥料，不含任何有毒有害成分，不产生毒性残留；长期施用该肥料可以补给与更新土壤有机质，提高土壤肥力；该肥料含有具有卓越功能和明显增产、提质、抗逆效果的促生真菌孢子粉（PPF），充分发挥其四大特殊功能。

3. 功能性生物有机肥

功能性生物有机肥是指特定功能微生物与主要以动植物残体（如畜禽粪便、农作物秸秆等）为来源并经无害化处理、腐熟的有机物料复合而成的一类兼具微生物肥料和有机肥料效应的肥料。

（1）生态生物有机肥 生态生物有机肥是选用优质有机原料（如木薯渣、糖渣、玉米淀粉渣、烟草废弃物等生物有机工厂的废弃物），采用生物高氮源发酵技术、好氧堆肥快速腐熟技术、复合有益微生物技术等高新生物技术生产的含有生物菌的一种生物有机肥。一般要求产品中生物菌

数0.2亿个/克或0.5亿个/克，有机质含量大于或等于20%。

生态生物有机肥营养元素齐全，能够改良土壤，改善使用化肥造成的土壤板结；改善土壤理化性状，增强土壤保水、保肥、供肥的能力。生态生物有机肥中的有益微生物进入土壤后与土壤中的微生物形成相互间的共生增殖关系，抑制有害菌生长并转化为有益菌，其相互作用，相互促进，起到群体的协同作用。有益菌在生长繁殖过程中产生大量的代谢产物，促使有机物的分解转化，能直接或间接为作物提供多种营养和刺激性物质，促进和调控作物生长。提高土壤孔隙度、通透交换性及植物成活率、增加有益菌和土壤微生物及种群。同时，在作物根系形成的优势有益菌群能抑制有害病原菌繁衍，增强作物抗逆抗病能力，降低重茬作物的病情指数，连年施用可大大缓解连作障碍。生态生物有机肥减少环境污染，对人、畜、环境安全、无毒，是一种环保型肥料。

（2）抗旱促生高效缓释功能肥　抗旱促生高效缓释功能肥是新疆慧尔农业科技股份有限公司针对新疆干旱、少雨情况，在生产含促生真菌有机无机复混肥的基础上添加腐殖酸、TE（稀有元素）生产的一种新型肥料。目前产品配方有：23-0-12-TE、20-0-15-TE、21-0-14-TE、15-0-20-TE等类型，产品中腐殖酸含量大于或等于3%。

抗旱促生高效缓释功能肥是一种新型的具有多种功能的功能性有机肥料：一是抗旱保水，应用该肥料可减少灌水次数和提高作物抗旱能力40~60天；二是解磷溶磷，促进土壤中难溶性磷的分解，增加作物对磷的吸收；三是抑病净土，肥料中的腐殖酸能够提高作物抗旱、抗盐碱、抗病虫作用，肥料中的促生真菌孢子粉（PPF）的代谢产物可抑制土壤病原菌、病毒的生长与繁殖，净化土壤；四是促进作物生长发育，肥料中的腐殖酸能够强大作物的根系、茎叶和花果的生长发育，PPF菌根能分泌大量的生理活性物质，如细胞分裂素、吲哚乙酸、赤霉素等，明显提高作物的发根力。

（3）高效微生物功能菌肥　高效微生物功能菌肥是在生物有机肥生产中添加氨基酸或腐殖酸、腐熟菌、解磷菌、解钾菌等而生产的一种生物有机肥。一般要求产品中生物菌数为0.2亿个/克，有机质含量大于或等于40%，氨基酸含量大于或等于10%。

高效微生物功能菌肥的功能有：一是以菌治菌、防病抗虫。一些有益菌快速繁殖、优先占领并可产生抗生素，抑制杀死有害病菌，达到抗重茬、不死棵、不烂根的目的。该菌肥可有效预防根腐病，枯萎病、青枯病等土传病害的发生。二是改良土壤、修复盐碱地。该菌肥使土壤形成良好的团粒结构降低盐碱含量，有利于保肥、保水、通气、增温使根系发达，健壮生长。三是培肥地力，增加养分含量。该肥料可解磷、解钾，固氮缓效养分转化为速效养分，并可促进多种养分吸收，提高肥料利用率，减少缺素症的发生。四是提高作物免疫力和抗逆性，使作物生长健壮，抗旱、抗涝、抗寒、抗虫，有利于高产稳产。五是多种放线菌产生吲多乙酸、细胞分裂素、赤霉素等，促进作物快速生长，并可协调营养生长和生殖生长的关系，使作物根多、棵壮、果丰、高产、优质。六是分解土壤中的化肥和农药残留及多种有害物质，使产品无残留，无公害，环保优质。

4. 螯合态高活性水溶肥

（1）高活性有机酸水溶肥 高活性有机酸水溶肥是利用当代最新生物技术精心研制开发的一种高效腐殖酸类、氨基酸类、海藻酸类等有机活性水溶肥，产品中的氮含量大于或等于 80 克/升，五氧化二磷含量大于或等于 50 克/升、氧化钾含量大于或等于 70 克/升，腐殖酸（或氨基酸，或海藻酸）含量大于或等于 50 克/升。

该肥料具有多种功能：一是多种营养功能。该肥料含有作物需要的各种大量和微量营养成分，并且容易吸收利用，有效成分利用率比普通叶面肥高出 20%～30%，可以有效地解决农作物因缺素而引起的各种生理性病害。例如，西瓜的裂口及苹果树的畸形果、裂果等生理缺素病害。二是促进根系生长。新型高活性有机酸能显著促进作物根系生长，增强根毛的亲水性，大大增强作物根系吸收水分和养分的能力，打下作物高产优质的基础。三是促进生殖生长。本产品具有高度生物活性，能有效调控作物营养生长与生殖生长的关系，促进花芽分化，促进果实发育，减少花果脱落，提高坐果率，促进果实膨大，减少畸形花、畸形果的发生，改善果实的外观品质和内在品质，果靓味甜，使果品提前上市。四是提高抗病性能。叶面喷施该肥料能改变作物表面微生物的生长环境，抑制病菌、菌落的形成和发生，减轻各种病害的发生。例如，能预防番茄霜霉病、辣椒疫病、炭疽病、花叶病的发展，还可缓解除草剂药害，降低农药残留，无毒、无害。

（2）螯合型微量元素水溶肥 螯合型微量元素水溶肥是将氨基酸、柠檬酸、EDTA 等螯合剂与微量元素有机结合起来，并可添加有益微生物生产的一种新型水溶性肥料。一般产品要求微量元素含量大于或等于 8%。

该肥料溶解迅速，溶解度高，渗透力极强，内含螯合态微量元素，能迅速被植物吸收，促进光合作用，提高碳水化合物的含量，修复叶片阶段性失绿；增加作物的抵抗力，能迅速缓解各种作物因缺素所引起的倒伏、脐腐、空心开裂、软化病、黑斑、褐斑等众多生理性症状。作物施用螯合型微量元素水溶肥后，增加叶绿素含量及促进糖水化合物的形成，使水果和蔬菜的贮运期延长，可使果品贮藏期延长，增加果实硬度，明显增加果实外观色泽与光洁度，改善果品品质，提高产量，提升果品等级。

（3）活力钾、钙、硼水溶肥　该类肥料是利用高活性生化黄腐酸（黄腐酸属腐殖酸中分子量最小、活性最大的组分），添加钾、钙、硼等营养元素生产的一类新型水溶性肥料。要求黄腐酸含量大于或等于30%，其他元素含量达到水溶性肥料标准要求，如有效钙含量为180克/升、有效硼含量为100克/升。

该类肥料有六大功能：一是具有高生物活性功能的未知的促长因子，对作物的生长发育起着全面的调节作用。二是科学组合新的营养链，全面平衡作物需求，除高含量的黄腐酸外，还富含作物生长过程中所需的几乎全部氨基酸、氮、磷、钾、多种酶类、糖类（低聚糖、果糖等）、蛋白质、核酸、胡敏酸、维生素C、维生素E及大量的B族维生素等营养成分。三是抗絮凝、具缓冲，溶解性能好，与金属离子相互作用能力强。增强了作物体内氧化酶活性及其他代谢活动；促进作物根系生长和提高根系活动，有利于植株对水分和营养元素的吸收，以及提高叶绿素含量，增强光合作用，从而提高作物的抗逆能力。四是络合能力强，提高作物营养元素的吸收与运转。五是具有黄腐酸盐的抗寒与抗旱的显著功能。六是改善品质，提高产量。黄腐酸钾叶面肥平均分子量为300，高生物活性对细胞膜这道屏障极具通透性，通过其吸附、传导、转运、架桥、缓释、活化等多种功能，使细胞能够吸收到更多原本无法获取的水分、养分，同时利用光合作用进行积累，合成的碳水化合物、蛋白质、糖分等营养物质向果实部位输送，以改善质量，提高产量。

5. 长效水溶性滴灌肥

除了上述介绍的作物底肥、种肥、追肥、根外追肥施用的营养套餐肥外，在一些滴灌栽培区还应用长效水溶性滴灌肥等，其也有良好施用效果。

长效水溶性滴灌肥是将脲酶抑制剂、硝化抑制剂、磷活化剂与营养成分有机组合，利用抑制剂的协同作用比单一抑制剂具有更长作用时间，达到供肥期延长和更高利用率的效果。利用抑制剂调控土壤中的铵态氮和硝态氮的转化，达到增铵营养效果，为作物提供适宜的 NH_4^+、NO_3^- 比例，从而加快作物对养分的吸收、利用与转化，促进作物生长，增产效果显著。目前主要品种有苹果树长效水溶性滴灌肥（10-15-25 + B + Zn）等。

长效水溶性滴灌肥的性能主要体现在：一是肥效长，具有一定可调性。该肥料在磷肥用量减少 1/3 时仍可获得正常产量，养分有效期可达 120 天以上。二是养分利用率高。氮肥利用率提高到 38.7%～43.7%，磷肥利用率达到 19%～28%。三是增产幅度大，生产成本低。施用长效水溶性滴灌肥可使作物活秆成熟，增产幅度大，平均增产 10% 以上。由于节肥、免追肥、省工及减少磷肥施用量，能降低农民的生产投入，增产增收。四是环境友好，可降低施肥造成的面源污染。该肥料低碳、低毒，对人畜安全，在土壤及作物中无残留。试验表明，施用该肥料可减少淋失 48.2%，降低一氧化二氮排放 64.7%，显著降低氮肥施用带来的环境污染。

身边案例

烟台苹果营养套餐施肥技术的应用

烟台众德集团委托姜远茂教授主持苹果营养套餐施肥技术试验示范，营养套餐肥组合为：萌芽前采用放射状沟施腐殖酸涂层长效肥（18-10-17 + B）150 千克/亩、有机无机复混肥（14-6-10）150 千克/亩、土壤调理剂 50 千克/亩，施肥深度为 20～30 厘米；套袋前叶面喷施 3 次含腐殖酸的叶面肥（稀释 500 倍）+ 速乐硼（稀释 2000 倍）+ 康朴液钙（稀释 300 倍）；果实膨大期土施狮马牌复合肥（12-12-17）50 千克/亩。

（1）各示范区情况　分别在栖霞市、牟平区、龙口市、招远市、海阳市进行示范。

1）栖霞市松山镇大北庄刘洪典苹果园，红富士品种，9 年生树龄。示范面积为 5 亩。对照为同品种树龄苹果树。对照肥为：国产硫酸钾复合肥（15-15-15）150 千克/亩 +30% 有机质豆粕有机肥 40 千克/亩 + 生物有机肥 210 千克/亩。

2）牟平区宁海街道办事处隋家滩曲华苹果园，红富士品种，15 年生树龄。示范面积为 12 亩。对照为同品种树龄苹果树。对照肥为：国产复合肥（13-7-20）300 千克/亩 + 牛粪 300 千克/亩。

3）龙口市诸留观镇羊岚村吴国瑞苹果园，红富士品种，10年生树龄。示范面积为2亩。对照为同品种树龄苹果树。对照肥为：国产硫酸钾180千克/亩+磷酸二铵75千克/亩+尿素150千克/亩。

4）招远市辛庄镇宅上村刘世明苹果园，红富士品种，10年生树龄。示范面积为5亩。对照为同品种树龄苹果树。对照肥为：中化复合肥（20-10-15）300千克/亩+生物有机肥150千克/亩。

5）海阳市朱吴镇莱格庄杨振杰苹果园，红富士品种，9年生树龄。示范面积为5亩。对照为同品种树龄苹果树。对照肥为：40%复合肥400千克/亩+25%有机质豆粕有机肥300千克/亩+冲施肥30千克/亩。

（2）对苹果产量与品质的影响　营养套餐肥示范苹果园测产结果见表4-24，苹果品质测试结果见表4-25。

表4-24　营养套餐肥示范苹果园测产结果

示范点	示范户	示范产量/(千克/亩)	对照产量/(千克/亩)	增产量/(千克/亩)	增产率(%)
栖霞市	刘洪典	4214.60	3437.28	777.32	22.61
牟平区	曲华	4944.03	3278.00	1666.03	50.82
龙口市	吴国瑞	3985.80	3376.80	609.00	18.03
海阳市	杨振杰	2799.00	2155.23	643.77	29.87
招远市	刘世明	2071.08	1497.92	573.16	38.26
平均值		3602.90	2749.05	853.85	31.05

表4-25　营养套餐肥示范苹果园苹果品质测试结果

示范点	示范户	处理	果实等级占比（%）			含糖量（%）
			>80毫米	75毫米	<70毫米	
栖霞市	刘洪典	套餐	60.0	30.0	10.0	15.0
		对照	53.8	23.1	23.1	13.5
牟平区	曲华	套餐	33.7	38.0	28.3	14.6
		对照	21.6	25.2	53.2	13.0
龙口市	吴国瑞	套餐	7.6	27.2	65.2	15.1
		对照	0	28.2	71.8	14.2

（续）

示范点	示范户	处理	果实等级占比（%）			含糖量（%）
			>80 毫米	75 毫米	<70 毫米	
海阳市	杨振杰	套餐	24.3	50.0	25.7	15.9
		对照	8.0	20.0	72.0	14.7
招远市	刘世明	套餐	52.6	21.1	26.3	15.5
		对照	41.8	21.9	36.3	14.8
平均值		套餐	35.64	33.26	31.10	15.22
		对照	25.04	23.68	51.28	14.04

由表 4-24、表 4-25 可以看出，营养套餐施肥技术的肥效显著优于常规习惯施肥，5 个示范苹果园增产幅度为 18.03%～50.82%，平均增产 31.05%。而且果实大，含糖量高，超过 80 毫米大果的平均数量比常规习惯施肥高约 10.6%，含糖量平均提高 1.18%。

五、苹果树营养套餐施肥技术应用

1. 苹果幼树营养套餐施肥技术

以苹果幼树为依据，各种肥料用量以无公害、环境友好为目标，选用有机无机复合肥料、长效缓释肥料、有机活性水溶肥进行施用，各地在具体应用时，可根据当地苹果树树龄及树势、测土配方推荐用量进行调整。

（1）秋施基肥　苹果幼树秋施基肥（9～10 月），每棵苹果树施生物有机肥 3～5 千克或无害化处理过的有机肥料 15～30 千克的基础上，再选用下列肥料之一，采用环状施肥、放射状施肥方法施用：苹果有机专用肥 0.6～1 千克；或腐殖酸涂层长效肥（18-10-17-B）0.4～0.6 千克；或腐殖酸含促生菌生物复混肥（20-0-10）0.6～1 千克、腐殖酸型过磷酸钙 0.5～1 千克；或硫基长效缓释复混肥（24-16-5）0.5～0.8 千克；或腐殖酸高效缓释复混肥（15-5-20）0.5～0.8 千克。

（2）1～2 年幼树根际追肥　一般 1～2 年树，主要在 3 月初、5 月底、7 月中旬追肥。

1）3 月初以追施速效氮肥为主。根据当地肥源，每棵苹果幼树施下列肥料组合之一：苹果有机专用肥 40～70 克；或腐殖酸包裹尿素 20～40

克；或增效尿素 30 ~ 40 克；或无害化处理过的腐熟人畜粪尿 15 ~ 20 千克。

2）5 月底追肥。根据当地肥源，每棵苹果幼树施下列肥料组合之一：腐殖酸高效缓释复混肥（18-8-4）50 ~ 70 克；或苹果有机专用肥 50 ~ 80 克；或腐殖酸型过磷酸钙 100 克、增效尿素 30 ~ 50 千克、长效钾肥 20 ~ 30 克；或增效磷铵 30 ~ 50 克、大粒钾肥 20 ~ 30 克。

3）7 月中旬追肥。根据当地肥源，每棵苹果幼树施下列肥料组合之一：腐殖酸高效缓释复混肥（15-5-20）50 ~ 70 克；或硫基长效水溶性肥（15-20-10）40 ~ 60 克；或腐殖酸含促生菌生物复混肥（20-0-10）80 ~ 100 克；或腐殖酸型过磷酸钙 100 ~ 120 克、增效尿素 40 ~ 60 克、长效钾肥 30 ~ 50 克；或增效磷铵 40 ~ 60 克、大粒钾肥 30 ~ 50 克。

（3）3 ~ 5 年幼树根际追肥　在 2 ~ 8 月每隔 2 个月追肥 1 次，追肥 3 次。前期以氮肥为主，钾肥次之，磷肥再次；中后期施氮磷钾三元复合肥，但肥量应随树龄的逐年增大而同步增多。

1）2 ~ 3 月初以追施速效氮肥为主。根据当地肥源，每棵苹果幼树施下列肥料组合之一：苹果有机专用肥 200 ~ 600 克；或腐殖酸包裹尿素 100 ~ 200 克；或增效尿素 150 ~ 300 克；或无害化处理过的腐熟人畜粪尿 100 ~ 200 千克。

2）4 ~ 6 月底追肥。根据当地肥源，每棵苹果幼树施下列肥料组合之一：腐殖酸高效缓释复混肥（18-8-4）200 ~ 700 克；或苹果有机专用肥 200 ~ 800 克；或腐殖酸型过磷酸钙 300 ~ 500 克、增效尿素 100 ~ 250 克、长效钾肥 100 ~ 300 克；或增效磷铵 150 ~ 300 克、大粒钾肥 100 ~ 300 克。

3）7 ~ 8 月追肥。根据当地肥源，每棵苹果幼树施下列肥料组合之一：腐殖酸高效缓释复混肥（15-5-20）300 ~ 800 克；或硫基长效水溶性肥（15-20-10）300 ~ 600 克；或腐殖酸含促生菌生物复混肥（20-0-10）400 ~ 1000 克；或腐殖酸型过磷酸钙 500 ~ 1000 克、增效尿素 300 ~ 500 克、长效钾肥 500 克。

（4）根外追肥　可以根据苹果树的生长情况，对照表 4-26 中的喷施时期进行根外追肥。

2. 无公害苹果盛果期施肥技术

以盛果期苹果树为依据，各种肥料用量以高产、优质、无公害、环境友好为目标，选用有机无机复合肥料、长效缓释肥料、有机活性水溶肥进行施用，各地在具体应用时，可根据当地苹果树的树龄及树势、测土配方

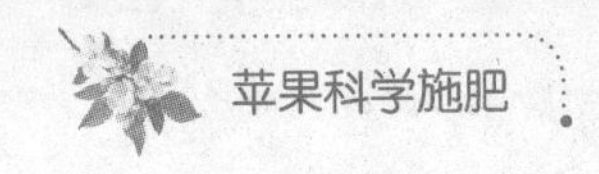

推荐用量进行调整。

表 4-26　苹果幼树的根外追肥

喷施时期	肥料种类、浓度	备　注
萌芽后	500～1000 倍含腐殖酸水溶肥或 500～1000 倍含氨基酸水溶肥	可连续喷 2～3 次
	1500 倍氨基酸螯合锌水溶肥	出现小叶病
开花期	1500 倍活力钙叶面肥、1500 倍活力硼叶面肥、500 倍含腐殖酸水溶肥或 500 倍含氨基酸水溶肥	可连续喷 2 次
5～7 月	1500 倍活力钙、钙叶面肥	可连续喷 2～3 次
落叶前	800～1000 倍大量元素水溶肥	可连续喷 3～4 次，大年尤为重要
	1000～1500 倍氨基酸螯合锌水溶肥	用于易缺锌苹果园
	1000～1500 倍活力硼叶面肥	用于易缺硼苹果园

（1）秋施基肥　苹果树秋施基肥，每棵苹果树在施生物有机肥 10～15 千克或无害化处理过的有机肥料 100～150 千克基础上，再选用下列肥料之一，采用环状施肥、放射状施肥方法施用：苹果有机专用肥 2～2.5 千克；或腐殖酸涂层长效肥（18-10-17+B）1.5～2 千克；或有机无机复混肥（14-6-10）2.5～3 千克、腐殖酸涂层长效肥（18-10-17+B）1～1.5 千克；或腐殖酸含促生菌生物复混肥（20-0-10）1 千克、腐殖酸型过磷酸钙 2 千克；或硫基长效缓释复混肥（24-16-5）1.5～2 千克；或腐殖酸高效缓释复混肥（15-5-20）1.5～2 千克。

（2）根际追肥　苹果树追肥时期主要在萌芽前、开花后、果实膨大和花芽分化期、果实生长后期，一般追肥 2～4 次，目前主要以开花后、果实膨大和花芽分化期追肥为主，视基肥施用情况、树势等，酌情在萌芽前、果实生长后期追肥。

1）萌芽前追肥。如果基肥不足或未施基肥，或者弱势树、老树，可在苹果园土壤解冻后至苹果树萌芽开花前追肥。根据当地肥源，每棵苹果树施下列肥料组合之一：苹果有机专用肥 1～1.5 千克；或腐殖酸包裹尿素 1～1.5 千克；或增效尿素 0.75～1.0 千克。

2）开花后追肥。一般苹果树落花后立即进行追肥。根据当地肥源，

每棵苹果树施下列肥料组合之一：生物有机肥10~15千克、腐殖酸高效缓释复混肥（18-8-4）1.5~2千克；或生物有机肥10~15千克、腐殖酸型过磷酸钙2千克、增效尿素1.0~1.5千克、长效钾肥0.5千克；或生物有机肥10~15千克、增效磷铵1.0~1.5千克、大粒钾肥1.0千克；或生物有机肥10~15千克、苹果有机专用肥2~2.5千克。

3）果实膨大和花芽分化期追肥。根据当地肥源，每棵苹果树施下列肥料组合之一：腐殖酸高效缓释复混肥（15-5-20）1.0~1.5千克；或硫基长效水溶性肥（15-20-10）1.0~1.5千克（随水冲施）；或腐殖酸型过磷酸钙1.5~2.0千克、增效尿素0.75~1.0千克、长效钾肥0.5千克；或苹果有机专用肥1~1.5千克。

4）果实生长后期追肥。此期追肥应在早、中熟品种采收后，晚熟品种采收前进行，根据当地肥源，每棵苹果树施下列肥料组合之一：生物有机肥10~15千克、腐殖酸高效缓释复混肥（18-8-4）0.75~1.0千克；或腐殖酸含促生菌生物复混肥（20-0-10）0.5~0.75千克；或苹果有机专用肥0.75~1.0千克；或腐殖酸型过磷酸钙1.0~1.5千克、增效尿素0.5千克、长效钾肥0.5千克。

（3）根外追肥　可以根据苹果树的生长情况，对照表4-27中的喷施时期进行根外追肥。

表4-27　无公害苹果盛果期的根外追肥

喷施时期	肥料种类、浓度	备　注
萌芽前	500~1000倍含腐殖酸水溶肥或500~1000倍含氨基酸水溶肥	可连续喷2~3次
	1500倍氨基酸螯合锌水溶肥	用于易缺锌苹果园
萌芽后	500~1000倍含腐殖酸水溶肥或500~1000倍含氨基酸水溶肥	可连续喷2~3次
	1500倍氨基酸螯合锌水溶肥	出现小叶病
开花期	1500倍活力钙叶面肥、1500倍活力硼叶面肥、500倍含腐殖酸水溶肥或500倍含氨基酸水溶肥	可连续喷2次
新梢旺长期	0.1%~0.2%柠檬酸铁或黄腐酸二铵铁	可连续喷2次
5~6月	1500倍活力硼叶面肥	

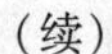
（续）

喷施时期	肥料种类、浓度	备　注
5～7月	1500倍活力钙叶面肥	可连续喷2～3次
果实发育后期	0.4%～0.5%磷酸二氢钾	可连续喷3～4次
采收后至落叶前	800～1000倍大量元素水溶肥	可连续喷3～4次，大年尤为重要
	1000～1500倍氨基酸螯合锌水溶肥	用于易缺锌苹果园
	1000～1500倍活力硼叶面肥	用于易缺硼苹果园

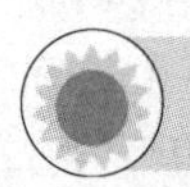

第四节　苹果树水肥一体化技术

水肥一体化技术是世界上公认的提高水肥资源利用率的最佳技术。2013年，农业部下发《水肥一体化技术指导意见》，把水肥一体化技术列为“一号技术”加以推广。水肥一体化技术也称为灌溉施肥技术，是借助压力系统（或地形自然落差），根据土壤养分含量和作物的需肥规律及特点，将可溶性固体或液体肥料配制成的肥液，与灌溉水一起，通过可控管道系统均匀、准确地输送到作物根部土壤，浸润作物根系生长发育区域，使主根根系土壤始终保持疏松和适宜的含水量。通俗地讲，就是将肥料溶于灌溉水中，通过管道在浇水的同时施肥，将水和肥料均匀、准确地输送到作物根部土壤。

一、苹果树水肥一体化技术概述

1. 水肥一体化技术的优点

水肥一体化技术与传统地面灌溉和施肥方法相比，具有以下优点：

（1）节水效果明显　水肥一体化技术可减少水分的下渗和蒸发，提高水分利用率。在露天条件下，微灌施肥与大水漫灌相比，节水率达50%左右。保护地栽培条件下，滴灌与畦灌相比，每亩大棚一季节水80～120米^3，节水率为30%～40%。

（2）节肥增产效果显著　水肥一体化技术具有施肥简便、施肥均匀、供肥及时、作物易于吸收、提高肥料利用率等优点。据调查，常规施肥的

肥料利用率只有30%～40%，滴灌施肥的肥料利用率达80%以上。在作物产量相近或相同的情况下，水肥一体化技术与常规施肥技术相比可节省化肥30%～50%，并增产10%以上。

(3) 减轻病虫草害发生　水肥一体化技术有效地减少了灌水量和水分蒸发，提高土壤养分有效性，促进根系对营养的吸收与贮备，还可降低土壤湿度和空气湿度，抑制病菌、害虫的产生、繁殖和传播，并抑制杂草生长，因此，也减少了农药的投入和防治病虫草害的劳力投入。与常规施肥相比，利用水肥一体化技术，每亩农药用量可减少15%～30%。

(4) 降低生产成本　水肥一体化技术是管网供水，操作方便，便于自动控制，减少了人工开沟、撒肥等过程，因而可明显节省施肥劳力。灌溉是局部灌溉，大部分地表保持干燥，减少了杂草的生长，也就减少了用于除草的劳动力。由于水肥一体化可减少病虫害的发生，减少了用于防治病虫害、喷药等劳动力。水肥一体化技术实现了种地无沟、无渠、无埂，大大减轻了水利建设的工程量。

(5) 改善作物品质　水肥一体化技术适时、适量地供给作物不同生育期生长所需的养分和水分，明显改善作物的生长环境条件，因此，可促进作物增产，提高农产品的外观品质和营养品质。应用水肥一体化技术种植的作物，生长整齐一致，定植后生长恢复快、提早收获、收获期长、丰产优质、对环境气象变化适应性强等。通过水肥的控制，可以根据市场需求提早供应市场或延长供应市场。

(6) 便于农作管理　水肥一体化技术只湿润作物根区，其行间空地保持干燥，因而即使在灌溉的同时，也可以进行其他农事活动，减少了灌溉与其他农作的相互影响。

(7) 改善土壤微生态环境　采用水肥一体化技术可明显降低大棚内空气湿度，滴灌施肥与常规畦灌施肥相比地温可提高2.7℃。该技术有利于增强土壤微生物活性，促进作物对养分的吸收；有利于改善土壤物理性质，滴灌施肥克服了因灌溉造成的土壤板结，土壤容重降低，孔隙度增加，有效地调控土壤根系的水渍化、盐渍化、土传病害等障碍。水肥一体化技术可严格控制灌溉用水量、化肥施用量、施肥时间，不破坏土壤结构，防止化肥和农药淋洗到深层土壤，造成土壤和地下水的污染，同时可将硝酸盐产生的农业面源污染降到最低限度。

(8) 便于精确施肥和标准化栽培　水肥一体化技术可根据作物营养规律有针对性地施肥，做到缺什么补什么，实现精确施肥；可以根据灌溉的流量和时间，准确计算单位面积所用的肥料量。微量元素通常应用螯合态，价格昂贵，而通过水肥一体化技术可以做到精确供应，提高肥料利用率，降低微量元素肥料施用成本。水肥一体化技术的采用有利于实现标准化栽培，是现代农业中的一项重要技术措施。在一些地区的作物标准化栽培手册中，已将水肥一体化技术作为标准措施推广应用。

（9）适应恶劣环境和多种作物 采用水肥一体化技术可以使作物在恶劣土壤环境下正常生长，如沙丘或沙地，因持水能力差，水分基本没有横向扩散，传统的灌水容易深层渗漏，作物难以生长，而采用水肥一体化技术，可以保证作物在这些条件下正常生长。此外，利用水肥一体化技术可以在土层薄、贫瘠、含有惰性介质的土壤上种植作物并获得最大的增产潜力，能够有效地利用与开发丘陵地、山地、沙石、轻度盐碱地等边缘土地。

2. 水肥一体化技术的缺点

水肥一体化技术是一项新兴技术，而且我国土地类型多样化，各地农业生产发展水平、土壤结构及养分间有很大的差别，用于灌溉施肥的化肥种类参差不一，因此，水肥一体化技术在实施过程中还存在如下诸多缺点：

（1）易引起堵塞，系统运行成本高 灌水器的堵塞是当前水肥一体化技术应用中最主要的问题，也是目前必须解决的关键问题。引起堵塞的原因有化学因素、物理因素，有时生物因素也会引起堵塞。因此，灌溉时对水质的要求较严，一般均应经过过滤，必要时还需经过沉淀和化学处理。

（2）引起盐分积累，污染水源 当在含盐量高的土壤上进行滴灌或利用咸水灌溉时，盐分会积累在湿润区的边缘而引起盐害。施肥设备与供水管道连通后，若发生特殊情况，如事故、停电等，系统内会出现回流现象，这时肥液可能被带到水源处。另外，当饮用水与灌溉水用同一个主管网时，如无适当措施，肥液可能进入饮用水管道，造成水源污染。

（3）限制根系发展，降低作物抵御风灾的能力 由于灌溉施肥技术只湿润部分土壤，加之作物的根系有向水性。对于高大木本作物来说，少灌、勤灌的灌水方式会导致其根系分布变浅，在风力较大的地区可能产生拔根危害。

（4）工程造价高，维护成本高 根据测算，大田采用水肥一体化技术每亩投资在400～1500元，而温室的投资比大田更高。

身边案例

果先生水溶性肥料苹果树施肥方案

果先生水溶性肥料是北京爱果者植物营养科技有限责任公司的第二代产品。

（1）基肥　施肥最好在果实采摘后尽快进行。于落叶前后结合秋翻，将腐熟的有机肥和果先生高磷型（10-52-10 + TE）水溶性肥料混合均匀后以放射状沟或条状沟施入为宜，沟深40厘米左右。每亩用高磷肥4千克左右。

（2）根外追肥　高产园追肥次数多达5～7次。

1）萌芽前追肥（3月中下旬）可促进果树萌芽、开花，提高坐果率，促进新梢生长。此期追肥以氮、磷肥为主。使用果先生平衡型（20-20-20 + TE）水溶性肥料，每亩用10千克左右。

2）花芽分化前追肥，以追磷、钾肥为主，果先生平衡型（20-20-20 + TE）水溶性肥料或爱果者高磷型（10-52-10 + TE）水溶性肥料，每亩用10千克左右。

3）果实膨大期追肥（6月中下旬）能增加产量，提高果实含糖量，促进着色，提高硬度，是必不可少的一次追肥。以追速效钾肥为主，使用果先生高钾型（13-7-40 + TE）水溶性肥料，每亩用10千克左右，每7～10天施用1次。

4）果实采摘期和采果后（9月下旬～10月下旬）追肥，可恢复采果对果树的伤害，及时补充果实采摘带来的养分损失，提高果树的越冬能力，保证第二年的产量。使用果先生平衡型（20-20-20 + TE）水溶性肥料，每亩用10千克左右。

二、苹果树水肥一体化技术原理

1. 水肥一体化技术系统的组成

水肥一体化技术系统主要有微灌系统和喷灌系统。这里以常用的微灌系统为例。微灌就是利用专门的灌水设备（滴头、微喷头、渗灌管和微管等），将有压水流变成细小的水流或水滴，湿润作物根部附近土壤的灌水方法。因其灌水器的流量小而被称为微灌，主要包括滴灌、微喷灌、脉冲微喷灌、渗灌等。目前生产实践中应用广泛且具有比较完整理论体系的主要是滴灌和微喷灌技术。微灌系统主要由水源工程、首部枢纽工程、输配水管网、灌水器4个部分组成（图4-1）。

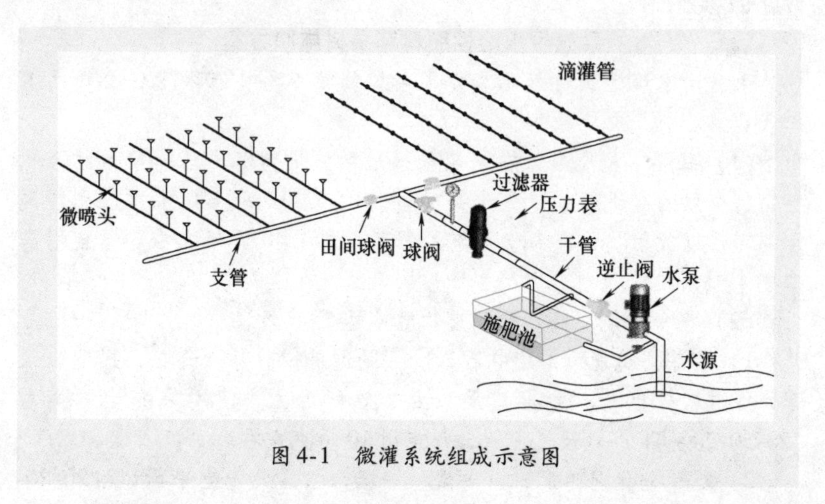

图4-1　微灌系统组成示意图

（1）水源工程　在生产中可能的水源有河流水、湖泊、水库水、塘堰水、沟渠水、泉水、井水、水窖水等，只要水质符合要求，均可作为微灌的水源，但这些水源经常不能被微灌工程直接利用，或者流量不能满足微灌用水量要求，所以需要根据具体情况修建一些相应的引水、蓄水或提水工程，统称为水源工程。

（2）首部枢纽工程　首部枢纽是整个微灌系统的驱动、检测和控制中枢，主要由水泵及动力机、过滤器等水质净化设备、施肥装置、控制阀门、进排气阀、压力表、流量计等设备组成。其作用是从水源中取水经加压过滤后输送到输水管网中去，并通过压力表、流量计等设备监测系统运行情况。

（3）输配水管网　输配水管网的作用是将首部枢纽处理过的水按照要求输送并分配到每个灌水单元和灌水器。输配水管网包括干管、支管和毛管三级管道。毛管是微灌系统末级管道，其上安装或连接灌水器。

（4）灌水器　灌水器是微灌系统中最关键的部件，是直接向作物灌水的设备，其作用是消减压力，将水流变为水滴、细流或以喷洒状施入土壤，主要有滴头、滴灌带、微喷头、渗灌滴头、渗灌管等。微灌系统的灌水器大多数用塑料注塑成型。

2. 水肥一体化技术系统的操作

水肥一体化技术系统的操作包括运行前的准备、灌溉操作、施肥操作

和结束灌溉等工作。

（1）运行前的准备　运行前的准备工作主要是检查系统是否按设计要求安装到位，检查系统主要设备和仪表是否正常，对损坏或漏水的管段及配件进行修复。

（2）灌溉操作　水肥一体化技术系统包括单户系统和组合系统，组合系统需要分组轮灌。系统的简繁不同，灌溉作物和土壤条件的不同都会影响到灌溉操作。

1）管道充水试运行。在灌溉季节首次使用时，必须进行管道充水试运行。充水前应开启排污阀或泄水阀，关闭所有控制阀门，在水泵运行正常后缓慢开启水泵出水管道上的控制阀门，然后从上游至下游逐条冲洗管道，充水中应观察排气装置工作是否正常。管道冲洗后应缓慢关闭泄水阀。

2）水泵起动。要保证动力机在空载或轻载下起动。起动水泵前先关闭总阀门，并打开准备灌水的管道上所有排气阀排气，然后起动水泵向管道内缓慢充水。起动后观察和倾听设备运转是否有异常声音，在确认起动正常的情况下，缓慢开启过滤器及控制田间所需灌溉的轮灌组的田间控制阀门，开始灌溉。

3）观察压力表和流量表。观察过滤器前后的压力表读数差异是否在规定的范围内，压差读数达到7米水柱（1米水柱=9806.65帕斯卡），说明过滤器内堵塞严重，应停机冲洗。

4）冲洗管道。新安装的管道（特别是滴灌管）在第一次使用时，要先放开管道末端的堵头，充分放水冲洗各级管道系统，把安装过程中集聚的杂质冲洗干净后，封堵末端堵头，然后才能开始使用。

5）田间巡查。要到田间巡回检查轮灌区的管道接头和管道是否漏水，各个灌水器是否正常。

（3）施肥操作　施肥过程是伴随灌溉同时进行的，施肥操作在灌溉进行20～30分钟后开始，并确保在灌溉结束前20分钟以上的时间内结束，这样可以保证对灌溉系统的冲洗和尽可能地减少化学物质对灌水器的堵塞。施肥操作前要按照施肥方案将肥料准备好，对于溶解性差的肥料，可先将肥料溶解在水中。不同的施肥装置在操作细节上有所不同。

（4）轮灌组更替　根据水肥一体化灌溉施肥制度，观察水表水量确定达到要求的灌水量时，更换下一个轮灌组地块，注意不要同时打开所有分灌阀。首先打开下一个轮灌组的阀门，再关闭第一个轮灌组的阀门，进

行下一个轮灌组的灌溉，操作步骤按以上重复。

（5）结束灌溉　所有地块灌溉施肥结束后，先关闭灌溉系统水泵开关，然后关闭田间各开关。对过滤器、施肥罐、管路等设备进行全面检查，达到下一次正常运行的标准。注意冬季灌溉结束后要把田间位于主支管道上的排水阀打开，将管道内的水尽量排净，以避免管道留有积水而冻裂管道，此阀门冬季不必关闭。

3. 水肥一体化技术系统的维护保养

要想保持水肥一体化技术系统的正常运行和提高其使用寿命，关键是要正确使用及良好地维护和保养。

（1）水源工程　水源工程建筑物有地下取水、河渠取水、塘库取水等多种形式，保持这些水源工程建筑物的完好、运行可靠，确保设计用水的要求，是水源工程管理的首要任务。

对泵站、蓄水池等工程经常进行维修养护，每年非灌溉季节应进行年修，保持工程完好。对蓄水池沉积的泥沙等污物应定期排除和洗刷。开敞式蓄水池的静水中藻类易繁殖，在灌溉季节应定期向池中投放绿矾，可防止藻类滋生。

灌溉季节结束后，应排除所有管道中的存水，封堵阀门和井。

（2）水泵

1）运行前检查水泵与电机的联轴器是否同心，间隙是否合适，皮带轮是否对正，其他部件是否正常，转动是否灵活，如有问题应及时排除。

2）运行中检查各种仪表的读数是否在正常范围内，轴承部位的温度是否太高，水泵和水管各部位有没有漏水和进气情况，吸水管道应保证不漏气，水泵停机前应先停起动器，后拉电闸。

3）停机后要擦净水迹，防止生锈；定期拆卸检查，全面检修；在灌溉季节结束或冬季使用水泵时，停机后应打开泵壳下的放水塞把水放净，防止锈坏或冻坏水泵。

（3）动力机械　电动机在起动前应检查绕组对地的绝缘电阻、铭牌所标电压和频率与电源电压是否相符，以及接线是否正确、电机外壳接地线是否可靠等。电动机运行中工作电流不得超过额定电流，温度不能太高。电动机应经常除尘，保持干燥清洁。经常运行的电动机每月应进行1次检查，每半年进行1次检修。

（4）管道系统　在每个灌溉季节结束时，要对管道系统进行全系统的高压清洗。在有轮灌组的情况下，要按轮灌组顺序分别打开各支管和主管的末端堵头，开动水泵，使用高压逐个冲洗轮灌组的各级管道，力争将管道内积攒的污物等冲洗出去。在管道高压清洗结束后，应充分排净水分，把堵头装回。

（5）过滤系统

1）网式过滤器。运行时要经常检查过滤网，发现损坏时应及时修复。灌溉季节结束后，应取出过滤器中的过滤网，刷洗干净，晾干后备用。

2）叠片过滤器。打开叠片过滤器的外壳，取出叠片。先把各个叠片组清洗干净，用干布将塑壳内的密封圈擦干后放回，之后开启底部集沙膛一端的丝堵，将膛中积存物排出，将水放净，最后将过滤器压力表下的选择钮置于排气位置。

3）砂介质过滤器。灌溉季节结束后，打开过滤器罐的顶盖，检查砂石滤料的数量，并与罐体上的标识相比较，若砂石滤料数量不足应及时补充以免影响过滤质量。若砂石滤料上有悬浮物则要捞出。同时在每个罐内加入一包氯球，放置30分钟后，起动每个罐各反冲2分钟，并进行2次，然后打开过滤器罐的盖子和罐体底部的排水阀将水全部排净。

① 单个砂介质过滤器进行反冲洗时，首先打开冲洗阀的排污阀，并关闭进水阀，让水流经冲洗管由集水管进入过滤罐。

② 双过滤器进行反冲洗时先关闭其中一个过滤罐上的三向阀门，同时打开该罐的反冲洗管进口，由另一个过滤罐来的干净水通过集水管进入待冲洗罐内。

注意

反冲洗时，要注意控制反冲洗水流速度，保证反冲流流速能够使砂床充分翻动，只冲掉罐中被过滤的污物，而不会冲掉作为过滤的介质。最后将过滤器压力表下的选择钮置于排气位置。若罐体表面或金属进水管路的金属镀层有损坏，应立即清锈后重新喷涂。

（6）施肥系统　在进行施肥系统维护时，关闭水泵，开启与主管道相连的注肥口和驱动注肥系统的进水口，排除压力。

1）注肥泵。先用清水洗净注肥泵的肥料罐，打开罐盖晾干，再用清水冲净注肥泵，然后分解注肥泵，取出注肥泵的驱动活塞，将随机所带的润滑油涂在部件上，进行正常的润滑保养，最后擦干各部件并重新组装好。

2）施肥罐。首先仔细清洗罐内残液并晾干，然后将罐体上的软管取下并用清水洗净，软管要置于罐体内保存。每年在施肥罐的顶盖及手柄螺纹处涂上防锈液，若罐体表面的金属镀层有损坏，则应立即清锈后重新喷涂。注意不要丢失各个连接部件。

3）移动式灌溉施肥机的维护保养。对移动式灌溉施肥机的使用应尽量做到专人管理，管理人员要认真负责，所有操作严格按技术操作规程进行；严禁动力机空转，在系统开启时一定要将吸水泵浸入水中；管理人员要定期检查和维护系统，保持整洁干净，严禁淋雨；定期更换机油（半年），检查或更换火花塞（1年）；及时人工清洗过滤器滤芯，严禁在有压力的情况下打开过滤器；耕翻土地时需要移动地面管，应轻拿轻放，不要用力拽管。

（7）田间设备

1）排水底阀。在冬季来临前，为防止管道被冻坏，把田间位于主支管道上的排水底阀打开，将管道内的水尽量排净，此阀门冬季不关闭。

2）田间阀门。将各阀门的手动开关置于打开的位置。

3）滴灌管。在田间将各条滴灌管拉直，勿使其扭折。若冬季回收也要注意勿使其扭曲放置。

（8）预防滴灌系统堵塞

1）灌溉水和水肥溶液先经过过滤或沉淀。在灌溉水或水肥溶液进入灌溉系统前，先经过一道过滤器或沉淀池，然后才进入输水管道。

2）适当提高输水能力。根据试验，水的流量为4～8升/小时，堵塞最轻，但考虑流量越大，费用越高的因素，最优流量约为4升/小时。

3）定期冲洗滴灌管。滴管系统使用5次后，要放开滴灌管末端堵头进行冲洗，把使用过程中积聚在管内的杂质冲洗出滴灌系统。

4）事先测定水质。在确定使用滴灌系统前，最好先测定水质。如果水中含有较多的铁、硫化氢、丹宁，则不适合滴灌。

5）使用完全溶于水的肥料。只有完全溶于水的肥料才能进行滴灌施肥。不要通过滴灌系统施用一般的磷肥，在灌溉水中磷会与钙反应形成沉淀，堵塞滴头。最好不要混合几种不同的肥料，避免发生化学反应而产生沉淀。

（9）细小部件的维护 水肥一体化技术系统是一套精密的灌溉装置，许多部件为塑料制品，在使用过程中要注意各步操作的密切配合，不可猛力扭动各个旋钮和开关。在打开各个容器后，一些小部件要依原样安回，不要丢失。

水肥一体化技术系统的使用寿命与系统保养水平有直接关系，保养越好，使用寿命越长，效益越持久。

三、苹果树水肥一体化技术应用

我国是世界上苹果种植面积最大的国家，其产量居世界第一，同时也是苹果加工和消费大国，在世界苹果产业中占有重要地位。我国苹果生产主要集中在渤海湾（山东、河北、辽宁、天津）、西北黄土高原（陕西、甘肃、山西、宁夏、青海）、黄河故道（河南、江苏、安徽）和西南冷凉高地四大产区。其中，渤海湾和西北黄土高原两个地区最适宜苹果种植，栽培面积占全国种植总面积的80%左右，其平均单位产量也高于其他地区，出口量占全国的90%以上。

1. 苹果树水肥一体化技术灌溉选择（彩图17）

苹果园选用的灌溉模式与种植密度及土壤质地有关。对密植苹果园（如行距1米、株距3米、每亩220棵）可以用滴管、微喷带或膜下微喷带；对稀植苹果园（如每亩20～50棵）可以用微喷灌或微喷带。特别是成龄苹果园，安装灌溉设施以微喷灌最佳。拖管淋灌适合各种种植密度。在轻壤土或沙质土上由于滴灌的侧渗范围小，加上苹果树的根系生长量比其他果树（如柑橘）少，会造成显著的限根效应，宜选择微喷灌；在重壤土上可以选用滴灌。如果选用滴灌，对山地果园一般选用压力补偿滴灌，滴头间距为50～70厘米，流量以2～3升/小时为宜，沿种植行在树下拉1条（从定植时开始安装）或2条（成龄后开始安装）滴灌管。平地苹果园用普通滴灌管。若选用微喷灌，一般微喷头流量以100～200升/小时为宜，每棵树用1个微喷头，安装在两棵树之间，喷洒直径为1.5～2米。

2. 苹果树水肥一体化技术水分管理

苹果属深根系植物，根系分布在20～90厘米土层，但80%以上的根系集中于60厘米以上的土层。灌溉和施肥可以调控根系的分布深度。若采用微喷灌或微喷带，建议灌溉湿润深度在40厘米左右；若采用滴灌，灌溉的湿润深度建议达到60厘米。

（1）苹果树的需水规律

1）萌芽前，根、茎、花、叶都开始生长，需水较多，发芽前充分灌水，对肥料溶解吸收、新根生长，以及对开花速度、整齐度等有明显作用，通常每年都要灌1次萌芽水。

2）新梢旺长期需水量最多，是全年需水临界期，宜灌大水，促春梢速长，增加早期功能叶片数量，并可减轻生理落果。

3）花芽分化前及幼果生长始期，即5月末～6月上旬，需水不多，维持最大持水量的60%即可，这是全年控水的关键时期；树木过于干旱时不灌或少灌，控长促花。

4）果实迅速膨大期需水较多，此期水分多少是决定果实大小的关键，要供多而稳定的水分；但久旱猛灌，易落果、裂果。采收前20天灌大水易降低果实的含糖量。

5）采果后，秋施粪肥后，要灌水促肥料分解，促秋根生长和秋叶光合作用，增加贮藏养分，提高苹果树的越冬能力。

总之，苹果树虽全年都需水，但时期不同所需的水量有多有少。基本是前多、中少、后又多。应掌握“溜—控—灌”的原则，达到“促—控—促”的目的。生产上通常采用的萌芽水、花后水、催果水、冬前水，主要是按苹果树不同物候期的需水规律确定的。上述几次灌水是否需要，应根据当时的土壤墒情而定。若当时土壤墒情好，可免灌；否则，必须灌溉。

（2）苹果树的水分管理

1）喷灌。喷灌通常可分为树冠上和树冠下两种方法。采用树冠上灌溉时，喷头设在树冠之上，喷头的射程较远，一般采用中射程或远射程喷头，并采用固定式的灌溉系统，包括竖管在内的所有灌溉设施在建园时一次建设好。而树冠下灌溉一般采用半固定式的灌溉系统，喷头设在树冠之下，喷头的射程相对较近，常使用近射程喷头，水泵、动力和干管是固定的，但支管、竖管和喷头是可移动的。

2）滴灌。滴灌是通过管道系统把水输送到每一棵苹果树树冠下，由一至几个滴头（取决于苹果树的栽植密度及树体的大小）将水一滴滴均匀又缓慢地滴于土中（一般每个滴头的灌溉量为2～8升/小时）。

3）微喷灌。微喷灌灌溉原理与喷灌类似，但喷头更小。设置在树冠之下，雾化程度高，喷洒距离短（一般喷洒直径在1米左右），每个喷头的灌溉量很少（通常为30～60升/小时）。定位灌溉只对土壤进行灌溉，较普通的喷灌有节约用水的作用，能使一定面积的土壤维持在较高的湿度水平上，有利于根系对水分的吸收。此外，微喷灌还具有需要的水压低（0.02～0.2毫帕）和加肥灌溉容易等特点。

苹果树水分管理从苹果树萌芽前开始至施用秋季肥后结束，在这约7个月的时间内应使土壤处于湿润状态。每次灌溉的时间因灌溉方式不同及出水器的流量不同而难以固定。通常滴灌要持续3～4小时，微喷灌持续20～30分钟，通常可埋设两支张力计，读数回零为止。采用微喷灌时可以采用湿润前锋探测仪，埋深40厘米，当看到浮标升起时停止灌溉。另

外一种简单的方法是用螺杆式土钻在滴头上方取土，通过手测法了解不同深度的水分状况，从而确定灌溉时间。当土壤能抓捏成团或搓成泥条时表明水分充足。

3. 苹果树水肥一体化技术施肥方案

苹果树树龄不同，需肥特点也不同。给幼树施肥的目的是快长树、早成型、早结果。给盛果期树施肥的目的是稳产、优质、壮树。给衰老期树施肥的目的是恢复健康树势，延长结果年限。所以，各年龄时期苹果树的施肥种类、施肥量等均不一样。苹果树对养分的利用有明显的规律性，以氮素为例，苹果树需氮分为3个时期：第一时期为大量需氮期（萌芽至梢加速生长），其前半段的氮主要来源于贮藏的氮素，后半段逐渐过渡为利用当年吸收的氮素。第二时期为氮素营养稳定供应期（新梢生长高峰到采收前），在此期稳定供应少量氮肥，可提高叶功能，但施氮过多会影响果实品质，施氮不足则影响果个和产量。第三时期为氮素营养贮备期（采收至落叶），此期氮含量的高低对下一年苹果树的器官形成、分化、优质丰产均起重要作用。

在一年中，苹果树对不同养分的吸收有一定的规律性，前期以吸收氮为主，中、后期（果实膨大期）以吸收钾为主，而对磷的吸收，生长期内比较平稳。

（1）幼年苹果树施肥方案　表4-28为在山东省苹果栽培经验基础上总结得出的幼年苹果树滴灌施肥制度，可供各地参考。

表4-28　幼年苹果树滴灌施肥制度

生育时期	灌溉次数/次	灌水定额/[米^3/(亩·次)]	每次灌溉加入的纯养分量/(千克/亩)				备注
			N	P_2O_5	K_2O	$N+P_2O_5+K_2O$	
落叶前	1	30	3.0	4.0	4.2	11.2	树盘灌溉
花前	1	20	3.0	1.0	1.8	5.8	滴灌
初花期	1	15	1.2	1.0	1.8	4.0	滴灌
花后	1	15	1.2	1.0	1.8	4.0	滴灌
初果期	1	15	1.2	1.0	1.8	4.0	滴灌
新梢停长期	2	15	1.2	1.0	1.8	4.0	滴灌
合计	7	125	12.0	10.0	15.0	37.0	

应用说明：

1）本方案适用于胶东地区的苹果园，土壤类型为棕壤、轻壤或沙壤土质，土壤 pH 为 6.5～7.5，土壤肥力中等，钾含量较低。幼年苹果树是指种植 1～5 年的苹果树，每亩约 45 棵。

2）幼年苹果树在落叶前要基施有机肥料和化肥，一般采用放射状沟施。每亩施有机肥料 2000 千克、氮（N）3 千克、磷（P_2O_5）4 千克、钾（K_2O）4.2 千克；化肥可选用三元复合肥（15-15-15）26 千克/亩，或者选用尿素 3.1 千克/亩、磷酸二铵 8.7 千克/亩、硫酸钾 8.4 千克/亩。灌溉时采用树盘浇水，用水量为 30 米^3/亩。

3）花前至初花期微灌施肥 2 次，肥料品种可选用尿素 4.91 千克/亩、工业级磷酸一铵［氮（N）含量为 12%，磷（P_2O_5）含量为 61%］1.64 千克/亩、硝酸钾［氮（N）含量为 13.5%，钾（K_2O）含量为 44.5%］4.04 千克/亩。

4）初花期到新梢停长期微灌施肥 4 次，肥料可选用尿素 0.99 千克/亩、工业级磷酸一铵 1.64 千克/亩、硝酸钾 4.04 千克/亩。

（2）初果期苹果树施肥方案 表 4-29 是按照微灌施肥制度的制定方法，在山东省栽培经验的基础上总结得出的初果期苹果树微灌施肥方案。

表 4-29 初果期苹果树微灌施肥方案

生育时期	灌溉次数/次	灌水定额/［米^3/(亩·次)］	每次灌溉加入的纯养分量/(千克/亩)				备注
			N	P_2O_5	K_2O	$N+P_2O_5+K_2O$	
收获后	1	30	3.0	4.0	4.2	11.2	树盘灌溉
花前	1	25	3.0	1.0	1.8	5.8	微灌
初花期	1	20	1.2	1.0	1.8	4.0	微灌
花后	1	20	1.2	1.0	1.8	4.0	微灌
初果期	1	20	1.2	1.0	1.8	4.0	微灌
果实膨大期	2	20	1.2	1.0	1.8	4.0	微灌
合计	7	155	12.0	10.0	15.0	37.0	

应用说明：

1）本方案适用于胶东地区苹果园，土壤类型为棕壤、轻壤或沙壤土质，土壤 pH 为 6.5～7.5，土壤肥力中等，钾含量较低。初果期苹果树是指种植 6～10 年的苹果树，每亩约 45 棵。

2）初果期苹果树收获后、落叶前要基施有机肥料和化肥，一般采用放射状沟施。每亩施有机肥料2000千克、氮（N）3千克、磷（P_2O_5）4千克、钾（K_2O）4.2千克；化肥可选用三元复合肥（15-15-15）26千克/亩，或者选用尿素3.1千克/亩、磷酸二铵8.7千克/亩、硫酸钾8.4千克/亩。灌溉时采用树盘浇水，灌水量为30~35米^3/亩。

3）花前至初花期微灌施肥2次，花前期的肥料品种可选用尿素6.07千克/亩、工业级磷酸一铵1.64千克/亩、硝酸钾4.49千克/亩。初花期的肥料品种可选用尿素2.17千克/亩、工业级磷酸一铵1.64千克/亩、硝酸钾4.49千克/亩。

4）花后至果实膨大期共微灌施肥4次，每次肥料品种可选用尿素1.17千克/亩、工业级磷酸一铵1.64千克/亩、硝酸钾7.87千克/亩。

（3）盛果期苹果树施肥方案 表4-30是按照微灌施肥制度的制定方法，在山东省栽培经验的基础上总结得出的盛果期苹果树微灌施肥方案。

表4-30 盛果期苹果树微灌施肥方案

生育时期	灌溉次数/次	灌水定额/[米^3/(亩·次)]	每次灌溉加入的纯养分量/(千克/亩)				备注
			N	P_2O_5	K_2O	$N+P_2O_5+K_2O$	
收获后	1	35	6.0	6.0	6.6	18.6	树盘灌溉
花前	1	20	6.0	1.5	3.3	10.8	微灌
初花期	1	25	4.5	1.5	3.3	9.3	微灌
花后	1	25	4.5	1.5	3.3	9.3	微灌
初果期	1	25	6.0	1.5	3.3	10.8	微灌
果实膨大期	1	25	3.0	1.5	6.6	11.1	微灌
果实膨大期	1	25	0	1.5	8.1	4.0	微灌
合计	7	180	30.0	15.0	34.5	73.9	

应用说明：

1）本方案适用于胶东地区苹果园，土壤类型为棕壤、轻壤或沙壤土质，土壤pH为6.5~7.5，土壤肥力中等，钾含量较低。盛果期苹果树是指种植11年的苹果树，每亩约45棵。目标产量为3000千克/亩。

2）盛果期苹果树收获后、落叶前要基施有机肥料和化肥，一般采用放射状沟施。每亩施有机肥料2000千克、氮（N）6.0千克、磷（P_2O_5）6.0千克、钾（K_2O）6.6千克。化肥可选用三元复合肥（15-15-15）40千克/亩，或者选用尿素7.9千克/亩、磷酸二铵13.0千克/亩、硫酸钾

13.2千克/亩。灌溉时采用树盘浇水，灌水量为30~35米^3/亩。

3）花前至花后期微灌施肥3次，花前期的肥料品种可选用尿素10.2千克/亩、工业级磷酸一铵2.5千克/亩、硝酸钾7.49千克/亩。初花期与花后期的肥料品种可选用尿素7.0千克/亩、工业级磷酸一铵2.5千克/亩、硝酸钾7.4千克/亩。

4）初果期至果实膨大期共微灌施肥3次，初果期的施肥量与花前相同，肥料品种可选用尿素10.2千克/亩、工业级磷酸一铵2.5千克/亩、硝酸钾7.4千克/亩。果实膨大前期的肥料品种可选用尿素1.5千克/亩、工业级磷酸一铵2.5千克/亩、硝酸钾14.8千克/亩。果实膨大后期的肥料品种可选用工业级磷酸一铵2.5千克/亩、硝酸钾18.2千克/亩。盛果期苹果树的果实膨大后期和成熟期不再施用氮肥。

① 在苹果树施肥管理中，应特别注意微量元素肥料的施用，主要采取基施或根外追施方式。在需要施用钙、镁肥的情况下，可以通过微灌系统分别注入钙肥和镁肥。

② 苹果树是露地种植，进入雨季后，应根据气象预报在无降雨时进行注肥灌溉。有连续降雨时，当土壤含水量没有下降至灌溉始点，但还进行微灌施肥时，可适当减少灌水量。

③ 参照灌溉施肥制度表提供的养分数量，可以选择其他的肥料品种组合，并换算成具体的肥料量。黄土母质或石灰岩风化母质地区参考本方案时可适当降低钾肥用量。

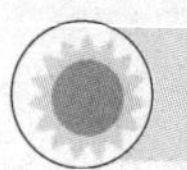

第五节　苹果树有机肥料替代化肥新技术

2015年，原农业部制订的《到2020年化肥使用量零增长行动方案》中提出的技术路径之四就是：“替，即有机肥替代化肥。通过合理利用有机养分资源，用有机肥替代部分化肥，实现有机无机相结合。提升耕地基础地力，用耕地内在养分替代外来化肥养分投入。”有机肥料替代化肥技术是通过增施有机肥料、生物肥料、有机无机复混肥料等措施提供土壤和作物必需的养分，从而达到利用有机肥料并减少化肥投入的目的。

一、苹果园农作物秸秆利用技术

农作物秸秆用作肥料的基本方法是将秸秆粉碎埋于苹果园中进行自然

发酵，或者将秸秆发酵后施于农田中。

1. 苹果园作物秸秆覆盖技术

苹果园秸秆覆盖技术就是将适量的作物秸秆等覆盖在苹果树周围裸露的土壤上，它具有培肥、保水、稳温、灭草、免耕、省工和防止土壤流失等多种效应，能改善土壤生态环境，养根壮树，促进树体生长发育，进而提高产量和改善品质。

（1）操作方法

1）平整扩穴。在春季进行土地平整，覆盖前要把苹果树树盘的土壤扩穴深翻。

2）秸秆覆盖。一般在5月上旬以后、地温已经回升时实施苹果园秸秆覆盖。第一年每亩用秸秆量为1000～1500千克，以后每年每亩用秸秆量为600～800千克，覆盖秸秆厚度一般为15～25厘米。将秸秆覆盖在苹果树树盘范围内，同时在苹果树树干周围留出直径40厘米的空间，以便于夏天排涝和预防冬春季火灾发生。秸秆可以用麦秸、麦糠、玉米秸等，也可使用其他杂草，玉米秸要铡成小段，覆盖后撒少量土压实。

3）增施氮肥。为解决秸秆覆盖后苹果树暂时缺氮的问题，覆盖前每亩比常规多施尿素15～20千克。

4）翻入地下。覆盖3～4年后可将秸秆翻入地下，同时再进行新一轮覆盖。

（2）适宜的苹果园 该技术适用于半湿润、半干旱、干旱地区，不适合透气性差的黏土质苹果园和排水不良的低洼地苹果园。

（3）注意事项 覆盖时间宜在春季土壤温度上升后的5月上旬前后，或者在麦收后，也可在秋季。切勿在春季土壤温度上升期覆盖；根干周围40～50厘米范围内不要覆盖；苹果园覆盖应在深耕改土的基础上进行，并施入一定量的速效氮肥。覆盖苹果园要有良好的排水系统，以防多雨年造成土壤湿度过大，影响根系发育和苹果树生长；秸秆覆盖后，由于生态环境的变化，病虫种群及其发生规律也将相应发生变化，因此，应对苹果园进行系统的病虫预测预报，制订出相应的综合防治措施。

2. 作物秸秆腐熟还田技术

利用生化快速腐熟技术制造优质有机肥料的特点是：采用先进技术培养能分解粗纤维的优良微生物菌种，生产出可加快秸秆腐熟的制剂，并采用现代化设备控制温度、湿度、数量、质量和时间，经机械翻抛、高温堆腐、生物发酵等过程，将农业废弃物转换成优质有机肥料，然后作为基肥

或早期追肥施入苹果园。

（1）催腐剂堆肥技术　催腐剂就是根据微生物中的钾细菌、氨化细菌、磷细菌、放线菌等有益微生物的营养要求，以有机物（包括作物秸秆、杂草、生活垃圾）为培养基，选用适合有益微生物营养要求的化学药品制成定量氮、磷、钾、钙、镁、铁、硫等营养的化学制剂，能有效地改善有益微生物的生态环境，加速有机物的分解腐烂。该技术在玉米、小麦秸秆的堆沤中应用效果很好，目前在我国北方一些省市开始推广。

［秸秆催腐方法］堆腐1吨秸秆需用催腐剂1.2千克，1千克催腐剂需用80千克清水溶解。选择靠水源的场所、地头、路旁平坦地，先将秸秆与水按1∶1.7的比例充分混合，使秸秆湿透后，用喷雾器将溶解的催腐剂均匀地喷洒于秸秆中，然后把喷洒过催腐剂的秸秆垛成宽1.5米、高1米左右的堆垛，用泥（厚约1.5厘米）密封，防止水分蒸发、养分流失。冬季为了缩短堆腐时间，可在泥上加盖薄膜以提温保温。

使用催腐剂堆腐秸秆后，能加速有益微生物的繁殖，促进其中粗纤维、粗蛋白质的分解，并释放大量热量，使堆温快速提高，平均堆温达54℃。这样不仅能杀灭秸秆中的致病真菌、虫卵和杂草种子，加速秸秆腐解，提高堆肥质量，使堆肥有机质含量比碳酸氢铵堆肥提高54.9%、速效氮提高10.3%、速效磷提高76.9%、速效钾提高68.3%，而且能使堆肥中的氨化细菌比碳酸氢铵堆肥增加265倍、钾细菌增加1231倍、磷细菌增加11.3%、放线菌增加5.2%，成为高效活性生物有机肥料。

（2）速腐剂堆肥技术　秸秆速腐剂是在"301"菌剂的基础上发展起来的，由多种高效有益微生物、酶类及无机添加剂组成的复合菌剂。将速腐剂加入秸秆中，在有水的条件下，菌株能大量分泌纤维酶，可在短期内将秸秆粗纤维分解为葡萄糖，因此施入土壤后可迅速培肥土壤，减轻作物病虫害，刺激作物增产，实现用地与养地相结合。实际堆腐应用表明，采用速腐剂腐烂秸秆，高效快速，不受季节限制，并且堆肥质量好。

秸秆速腐剂一般由两个部分构成。一部分是以分解纤维能力很强的腐生真菌等为中心的秸秆腐熟剂，质量为500克，占速腐剂总量的80%，它属于高湿型菌种，在堆沤秸秆时能产生60℃以上的高温，20天左右将秸秆堆腐成肥料；另一部分是由固氮菌、磷细菌和钾细菌组成的增肥剂，质量为200克（每种菌均为50克），它要求30～40℃温度环境，在翻捣肥堆时加入，旨在提高堆肥肥效。

［秸秆速腐方法］按秸秆重的2倍加水，使秸秆湿透，含水量约达

65%，再按秸秆重的0.1%加速腐剂，另加0.5%～0.8%尿素调节碳氮比值，也可用10%的人畜粪尿代替尿素。堆沤分3层，第一层、第二层各厚60厘米，第三层（顶层）厚30～40厘米，速腐剂和尿素用量比自下而上按4∶4∶2分配，均匀撒入各层，将秸秆堆成垛（宽2米、高1.5米）后用铁锹轻轻拍实，就地取泥封堆并加盖薄膜，以保水、保温、保肥，防止雨水冲刷。此法不受季节和地点限制，干草、鲜草均可利用，成肥有机质可达60%，并且含有8.5%～10%的氮、磷、钾及微量元素，主要用作基肥，一般每亩施用250千克。

（3）酵素菌堆肥技术　酵素菌是由能够产生多种酶的好（兼）氧细菌、酵母菌和霉菌组成的有益微生物群体。利用酵素菌产生的水解酶，能在短时间内把作物秸秆等有机质材料进行糖化和氮化分解，产生低分子的糖、醇、酸，这些物质是有益微生物生长繁殖的良好培养基，可以促进堆肥中放线菌的大量繁殖，从而改善土壤的微生态环境，创造作物生长发育所需的良好环境。利用酵素菌把大田作物秸秆堆沤成优质有机肥料后，可施用于苹果树等经济价值较高的作物。

[秸秆堆腐方法]　堆腐材料有秸秆1吨、麸皮120千克、钙镁磷肥20千克、酵素菌16千克、红糖2千克、鸡粪400千克。先将秸秆在堆肥池外喷水湿透，使含水量达到50%～60%，依次将鸡粪均匀地铺撒在秸秆上，麸皮和红糖（研细）均匀地撒到鸡粪上，钙镁磷肥和酵素菌均匀搅拌在一起，再均匀撒在麸皮和红糖上面，然后用叉拌匀后，移入简易堆肥池里，底宽2米左右，堆高1.8～2米，顶部呈圆拱形，并用塑料薄膜覆盖，防止雨水淋入。

二、苹果园生草栽培技术

苹果园生草栽培技术是无公害生产的重要配套技术，一举多得，效益显著，是苹果园耕作方式的重大变革，是苹果园培肥土壤的有效途径。生草栽培技术可以弥补清耕制的不足，是绿色植物保护技术的重要内容，也是发展可持续农业的重要措施之一（彩图18）。

1. 苹果园生草的作用

苹果园生草有很多好处，主要表现在以下6个方面：

（1）蓄水保墒，保持水土　苹果园生草后，能大大减少降雨或灌溉形成的地表径流，减少水土流失，山坡地和沙滩地苹果园的水土保持效果更明显。

（2）改善小气候，延长根系活动时间　生草能改善土壤理化性状，以及土壤水、肥、气、热的协调，增加苹果园的空气湿度，减少土壤表面水分蒸散，尤其是干旱季节，减少土壤表面水分蒸发的效果更加明显。同时，苹果园湿度较大，创造了湿润的土壤环境，可提高苹果坐果率。

（3）增加土壤有机质含量，提高土壤肥力　苹果园中种植最好的草类是耐阴的豆科植物，其固氮能力强，可提高土壤含氮量，又易分解，是生长旺盛的绿肥作物。苹果园专用草种的地上与地下生物量较高，腐化分解后可较快提高土壤有机质含量。4 年生草苹果园全氮及有效养分均明显提高。绿肥作物对一些矿质营养的吸收能力强于苹果树，可以把土壤中的钙、铁、锌、磷等吸收转化成为苹果树容易吸收的状态，从而改善苹果树的营养状况。

（4）提高苹果树抗病虫害的能力　生草一方面促进苹果树健壮生长，提高其抗病能力；另一方面有利于寄生天敌，控制虫害，是生物防治的有效措施，减少了病虫害防治的农药用量。苹果园中有许多害虫的天敌，如草蛉、食蚜蝇、瓢虫、赤眼蜂等，生草对控制红蜘蛛、蚜虫等害虫的效果好。另外，苹果园生草多为绿肥，生长量大，竞争力强，可自然抑制恶性杂草的滋生。

（5）明显减少苹果园的生产成本　苹果园内生草，不仅减少了化肥、农药的用量，而且还会因多年免耕，使人工投入减少，降低苹果的生产成本。另外，苹果园内生草还能改善地表条件、方便作业，提高苹果园作业的机械水平，从而提高效率。

（6）提高果实品质　生草增加了苹果园中土壤有机质含量，使树体营养供给均衡，增加了果实中可溶性固形物的含量和果实硬度，促进果实着色全面、均匀，提高果实的抗病性和耐贮性，生理病害少，果面洁净，从而提高了果实品质。同时，生草的苹果园由于空气湿度和昼夜温差增加，使果实着色率提高，含糖量大。尤其是套袋的苹果园，摘袋后最易受高温和干燥的影响，果面容易发生日灼和干裂纹，生草能有效地避免和防止以上现象发生，提高果实的外观品质。

2. 苹果园生草种类的选择

草种的选择应遵循的原则为：多年生；植株低矮或匍匐生长，有一定产草量和覆盖效果；根系以须根为主，浅生性为好；与苹果树无共同病虫害，不是苹果树病虫和病菌的寄生或宿生场所；易于管理，耐践踏，不怕机械倾轧；较耐阴，易越冬等。苹果园生草的草种主要有：草木樨、白三

叶、黑麦草、苜蓿、毛叶苕子、绿豆等。

（1）草木樨（彩图19）　二年生豆科草本植物，适应性广，根系发达，固氮能力强，自然生长高度为80厘米左右。鲜草产量为1500～2000千克/亩。对土壤的要求不高，耐瘠薄，耐盐碱、抗旱、耐寒能力均很强。

草木樨的播种期较长，早春、夏季和初冬均可播种，夏播一般不迟于7月中旬；北方冬播一般在土壤早晚微冻，中午化冻，地温不低于2℃时播种。旱地撒播一般为2～3千克/亩，条播一般为1～2千克/亩。

（2）白三叶（彩图20）　多年生豆科草本植物，种植1次可利用5～8年，是目前苹果园综合评价最好的生草品种。植物低矮，一般高30厘米左右；根系浅，根群主要分布在15厘米的浅土层中；草层致密，覆盖度好，保墒效果好，抑制杂草作用明显；耐阴性好，耐践踏；绿色期长、开花早、花期长、叶型美观。年鲜草产量为3500千克/亩。春、秋两季均可播种，播种量为1千克/亩。

（3）黑麦草（彩图21）　多年生禾本科植物，根系丛生、分蘖，须根发达，耐践踏，根群集中在20厘米以内的土层中，自然生长高度为30～50厘米，年鲜草产量为4000千克/亩。春、秋两季均可播种，播种量为1～1.5千克/亩，可生长4～5年。

（4）苜蓿（彩图22）　多年生豆科植物，根蘖型，根系发达，主根较深，自然高度为30～50厘米，年鲜草产量为5000千克/亩。抗旱性及冬季抗逆性优异，耐践踏，恢复力极强。春、秋两季均可播种，播种量为0.75～1.0千克/亩。

（5）毛叶苕子（彩图23）　一年生豆科草本植物，抗旱性较强，但耐涝性差。根部发达，主要集中在30厘米土层，自然高度为40～60厘米，年鲜草产量达1500～2000千克/亩。毛叶苕子对土壤条件要求不高，喜沙壤土及排水良好的土壤，耐盐碱。华北、西北地区在8月进行秋播，淮河一带适合在8～9月播种，播种量为3～5千克/亩。

3. 适宜苹果园的生草方式

苹果园生草可采用全园生草、行间生草和株间生草等模式，具体模式应根据苹果园的立地条件、种植管理条件而定。土壤深厚、肥沃、根系分布深的苹果园，可采用全园生草；土层浅而瘠薄的苹果园，可以行间生草和株间生草。年降水量少于500毫米、无灌溉条件的苹果园，不宜生草。树体矮化、适度种植，行距为5～6米的苹果园，可在幼树定植时就开始种草；中等密植的矮化苹果园也可生草；高度密植的苹果园不宜生草而适

宜覆草。

4. 苹果园生草栽培技术的要求

（1）播种时期 苹果园生草多在春、秋两季进行，春季3月15日~5月25日，秋季8月25日~10月15日。最适宜的播种时间一般在4月中旬~5月中旬，当地气温稳定在15~20℃时出苗最为整齐。

（2）整地施肥 播种前，将苹果园中的杂草及杂物清除，对土壤进行全面耕翻与施肥。播种前每亩施入50~75千克过磷酸钙、7.5千克尿素或10千克磷酸二铵；将肥料撒在苹果园行间准备种草的地面，然后对土壤进行翻耕，耕翻深度为20~25厘米。墒情不足时，翻地前要灌水补墒，并整平耙细。

（3）播种方式 生草多在苹果树行间进行，一般情况下生草条播宽带为1.2~2米，生草种植边缘距苹果树根部50~80厘米。可单播也可混播（如白三叶与黑麦草按1∶2混播等）；秋季可撒播，春季宜条播。豆科类草的播种深度一般为0.5~1.5厘米；禾本科类草的播种深度一般为3厘米。

（4）苗期管理 春季播种的，如遇天气干旱，要适量补水或少量覆草，确保出苗整齐，防止伏旱造成死苗；秋季播种的，冬季可覆盖农家肥或黄土，有利于幼苗越冬。幼苗期的植株较细弱，要及时清除田间大型恶性杂草，勤清除杂草，轻微追施少量氮肥，天气干旱时要及时灌溉，促进草尽快覆盖地面。成苗后要补充适量磷、钾肥，促进草体健壮生长，后期与刈割相结合。

（5）生草后的日常管理 白三叶成坪后，一般无须青割，其他种类的草长至50~60厘米时青割，青割后留茬5~10厘米，割后就地覆盖在苹果树盘内、树间。

苹果树生长前期要勤割草，如此有利于苹果树早期生长；中期花芽分化时要割草1次，保证树体地下营养的供给；后期要利用草的生长，吸收土壤多余的养分，促进果实着色，同时保证最后一次割草有部分草籽，为第二年所用。割下来的草用于树冠下的清耕带，即生草与覆草相结合，达到以草肥地的目的。

生草苹果园要避开天敌的繁殖期，结合树体喷药，对地面的草一起防病治虫。生草5~7年后，应翻耕1次。休闲1~2年后，再重新生草。

（6）主要配套措施 苹果园不要太密植，最好行内株间距离小，行间距离大，这样利于草的生长。幼年苹果树因利用行间空间大，产草量大，改土增肥效果好。雨量不足时，应补充灌溉，保证草的生长。灌溉的

方法以喷灌或滴灌为好。苹果园生草不必平整土地，不用分垄、作畦。

三、苹果树有机肥料替代化肥技术应用案例

近年来由于化肥的过量施用，不少苹果园出现了土壤板结、果品质量下降的问题，不仅提高了生产成本，还降低了经济效益。因此，农业农村部从2017年开始，推行有机肥料替代化肥，在黄土高原苹果优势产区、渤海湾苹果优势产区推广4种技术模式："有机肥料+配方肥"模式、"果—沼—畜"模式、"有机肥料+生草+配方肥+水肥一体化"模式、"有机肥料+覆草+配方肥"模式。

1. "有机肥+配方肥"模式

（1）秋季施肥　牛粪、羊粪、猪粪等经过充分腐熟的农家肥每亩用量为3000~5000千克，或者商品有机肥料每亩用量为1000千克左右，或者豆粕、豆饼类每亩用量为300~400千克，或者商品生物有机肥料每亩用量为400~500千克。同时，施入苹果配方肥，渤海湾产区建议养分总和为45%（18-13-14或相近配方），每1000千克产量用15千克左右；黄土高原产区建议配方为45%（20-15-10或相近配方），每1000千克产量用25千克左右。农家肥或商品有机肥料或豆粕或生物有机肥料的用量再增加20%~100%，配方肥用量减少10%~50%。另外，每亩施入硅钙镁肥50千克左右、硼肥1千克左右、锌肥2千克左右。

秋施基肥的最适时间在9月中旬~10月中旬，即早中熟品种采收后；对于晚熟品种，如富士，最好在采收前，确因实际操作困难，建议在采收后马上施肥，越快越好。采用条沟法或穴施，施肥深度在30~40厘米。

（2）第一次膨果肥　果实套袋前后，渤海湾产区建议养分总和为45%（22-5-18或相近配方），每1000千克产量用12.5千克左右；黄土高原产区建议养分总和为45%（15-15-15或相近配方），每1000千克产量用15千克左右。采用放射状沟法或穴施，施肥深度在15~20厘米。

（3）第二次膨果肥　7~8月，渤海湾产区建议养分总和为45%（12-6-27或相近配方），每1000千克产量用12千克左右；黄土高原产区建议养分总和为45%（15-5-25或相近配方），每1000千克产量用10千克左右。采用放射状沟法或穴施，施肥深度在15~20厘米。宜少量多次，施肥2~3次。

2. "果—沼—畜"模式

（1）沼渣沼液发酵　根据沼气发酵技术要求，对畜禽粪便进行腐熟

和无害化处理，后经干湿分离，分沼渣和沼液施用。

（2）秋季施肥　沼渣每亩施用3000～5000千克、沼液50～100米^3。苹果专用配方肥选用高氮中磷低钾型，每1000千克产量用20～25千克。另外，每亩施入硅钙镁肥50千克左右、硼肥1千克左右、锌肥2千克左右。秋施基肥最适时间在9月中旬～10月中旬，即中熟品种采收后。对于晚熟品种，如富士，建议在采收后马上施肥，越快越好。采用条沟法或环状沟施肥，施肥深度在30～40厘米，先将配方肥撒入沟中，然后将沼渣施入，沼液可直接施入或结合灌溉施入。

（3）第一次膨果肥　果实套袋前后，施用氮磷钾平衡配方复合肥，每1000千克产量用15千克左右。采用条沟法施肥，施肥深度在15～20厘米，同时结合灌溉追入沼液30～40米^3。

（4）第二次膨果肥　7～8月，施用中氮低磷高钾配方复合肥，每1000千克产量用10千克左右。采用条沟法施肥，施肥深度在15～20厘米，同时结合灌溉追入沼液20～30米^3，采用少量多次，每隔15天灌溉施入1次，共3～5次。

身边案例

沼肥在苹果树上的应用

1个10米^{3}的沼气池，1年提供的沼肥（32米^3）相当于50千克硫酸铁、40千克过磷酸钙和15千克的氯化钾。施用沼肥能使苹果树增产，增幅在5%～20%。下面向广大果农简单介绍沼肥在苹果树上的施用方法。

（1）根施　沼液可在树盘下漫灌或挖沟深灌，可分别于苹果树萌芽前、幼果期、花芽分化期、果实采收后漫灌1次。幼树每棵漫灌15～25千克，初挂苹果树每棵漫灌30～50千克，盛果期苹果树每棵漫灌60～90千克。挖沟深灌分别于萌芽前和果实采收后进行，在树冠下外围4个不同方位各挖1条宽20～30厘米、深15～20厘米、长80～120厘米的沟，然后将沼液灌入，回土填平压实。沼渣一般于果实采收后至萌芽前挖沟深施，方法是沿树冠外围开挖环状沟或从树干基部向外挖2～4条放射状沟，沟宽30～40厘米、深30～50厘米、长80～120厘米，施后覆土压实。幼树每棵施沼渣5～10千克，初挂苹果树每棵施10～25千克，盛果期苹果树每棵施30～40千克。

（2）喷施　分别于苹果树春梢生长期（5月上旬）、幼果期（6月上旬）、花芽分化期（7月上旬）、果实第二次膨大期（8月上旬）喷施1次沼液，最好选用雾化性高的喷头。喷施应均匀、细致。注意叶片的正反面，喷施量以叶片上的沼液欲滴为度。喷施原液效果最佳，但在高温季节（7～8月）应适当降低沼液浓度，喷施3～5倍液为宜。

（3）涂干　苹果树萌芽期、花后10天果实第一次膨大期、花芽分化期（7月上旬）及果实第二次膨大期（8月上旬）用原液各涂1次树干，涂至沼液欲流为宜。

（4）防虫　在7月，苹果树红蜘蛛、蚜虫等害虫猖獗之时，将过滤后放置2～3小时的沼液加入吡虫啉、抗蚜威、哒螨灵等农药，直接喷施于苹果树上，每周1次，连喷2次，防虫效果最佳。

注意

叶面喷施的沼液必须是正常产气3个月以上沼气池出料间的沼液，并且经澄清、过滤后放置2～3天后方可使用。叶面喷施需选择在无风的晴天或阴天进行，不可在晴天中午喷施，并以叶背喷施为主。

3. “有机肥料+生草+配方肥+水肥一体化”模式

（1）苹果园生草　苹果园生草可人工种植，也可自然生草后人工管理。人工种草可选择三叶草、小冠花、早熟禾、高羊茅、黑麦草、油菜和鼠茅草等，播种时间以8月中旬～9月初最佳，早熟禾、高羊茅和黑麦草也可在春季3月初播种。播种深度为种子直径的2～3倍，土壤墒情要好，播后喷水2～3次。自然生草苹果园行间不进行中耕除草，由马唐、稗、光头稗、狗尾草等当地优良野生杂草自然生长，及时拔除豚草、苋菜、藜、苘麻、葎草等恶性杂草。无论人工种草还是自然生草，当草长到11～40厘米时要进行刈割，割后保留10厘米左右，割下的草覆于树盘下，每年刈割2～3次（彩图24）。

（2）秋施有机肥料　牛粪、羊粪、猪粪等经过充分腐熟的农家肥每亩用量为2500～4500千克，或者商品有机肥料每亩用量为1000千克左右，或者豆粕、豆饼类每亩用量为300～400千克，或者商品生物有机肥每亩用量为400～500千克。9月中旬～10月中旬，即早中熟品种采收后，对于晚熟品种（如富士），最好在采收前，确因实际操作困难，建议在采收后马上施肥，越快越好。

（3）水肥一体化　盛果期苹果园，养分供应量的多少主要根据目标产量而定，每1000千克产量需纯氮（N）3～5千克、纯磷（P_2O_5）1.5～2.5千克、纯钾（K_2O）3.5～5.5千克。灌溉施肥时，各时期氮、磷、钾肥施用比例见表4-31。

表4-31　盛果期苹果树灌溉施肥计划

生育时期	灌溉次数/次	灌水定额/[米³/(亩·次)]	每次灌溉加入养分占总量比例（%）		
			N	P_2O_5	K_2O
萌芽前	1	25	20	20	0
花前	1	20	10	10	10
花后2～4周	1	25	15	10	10
花后6～8周	1	25	10	20	20
果实膨大期	1	15	5	0	10
	1	15	5	0	10
	1	15	5	0	10
采收前	1	15	0	0	10
采收后	1	20	30	40	20
封冻前	1	30	0	0	0
合计	10	205	100	100	100

注：对黄土高原地区，应采用节水灌溉模式，总灌水定额在150～170米³/(亩·次)。

4."有机肥料+覆草+配方肥"模式

（1）苹果园覆草　覆草前要先整好树盘，浇1遍水，施1次速效氮肥。覆草厚度以常年保持在15～20厘米为宜。覆盖材料因地制宜，作物秸秆、杂草、花生壳、腐熟牛粪等均可采用。覆草适用于山丘地、沙土地，土层薄的地块效果尤其明显。黏土地覆草，由于易使苹果园土壤积水，引起旺长或烂根，不宜采用。另外，树干周围20厘米左右不覆草，以防积水影响根颈透气。冬季较冷地区深秋覆1次草，可保护根系安全越冬。覆草苹果园要注意防火。风大地区可零星在草上压土、石块、木棒等，防止草被大风吹走。

（2）秋施有机肥料　牛粪、羊粪、猪粪等经过充分腐熟的农家肥每亩用量为2500～4500千克，或者商品有机肥料每亩用量为1000千克左

右，或者豆粕、豆饼类每亩用量为300～400千克，或者生物有机肥每亩用量为400～500千克。同时施入平衡型苹果配方肥，每1000千克产量用15千克左右。另外，每亩施入硅钙镁肥50千克左右、硼肥1千克左右、锌肥2千克左右。秋施基肥的最适时间为9月中旬～10月中旬，即中熟品种采收后。对于晚熟品种（如富士），建议在采收后马上施肥，越快越好。采用条沟法或穴施，施肥深度为30～40厘米。

（3）第一次膨果肥　果实套袋前后，施用高氮中磷高钾配方复合肥，每1000千克产量用10千克左右。采用条沟法施肥，施肥深度为15～20厘米。

（4）第二次膨果肥　7～8月，施用低氮高钾配方复合肥，每1000千克产量用10千克左右。采用条沟法施肥，施肥深度为15～20厘米。宜少量多次，施肥次数为3～5次。

身边案例

洛川县实施有机肥料替代化肥项目有“绝招”

洛川县果菜茶（苹果）有机肥料替代化肥项目从2017年7月开始建设以来，在管理水平较高、示范带动效应明显的现代农业园区实施“有机肥料＋配方肥”模式，在生猪养殖和沼气池建设条件设施完备的区域实施“果—沼—畜”模式，在有灌溉条件的区域实施“有机肥料＋水肥一体化”模式，在有苹果园生草、种植绿肥习惯的地区实施“自然生草＋绿肥”模式。四种模式共同建立起有机肥料替代化肥苹果示范园2万多亩，为辐射带动全县50万亩苹果园提质增效发挥了重要作用。

在具体实施中，洛川县主要运用四手“绝招”：

第一“招”是建立专门的项目实施组织机构。县政府成立了项目建设领导小组及其办公室，配备专职人员负责项目的组织实施、方案制定、督查考核等工作。同时，成立了五人专家指导组，负责技术方案的制定、技术培训、技术指导等工作。各项目实施单位各自成立了由项目法人任组长，村党支部书记任副组长的项目实施小组，明确了工作职责，落实了工作责任，保证了项目顺利实施。

第二“招”是严把实施主体遴选关。要求实施该项目的企业或合作社必须具备“证照手续齐全，有稳定的苹果生产基地，有完善的组织管理体系和资金配套能力，有固定的专业技术人员和技术服务能力，集中连片面积不少于100亩”等10项先决条件，并采取“企业自愿申报、公开答辩、专家评审、考察公示”的方式确定实施主体。同时把项目实施工作与产业扶贫结合，要求项目各实施主体把本区内的建档立卡贫困户纳入建设范畴，无偿为贫困户改善农业基础设施条件。

第三“招”是项目运作规范。研究制定了具体、详细、操作性强的《项目管理实施细则》，明确了工作步骤、工作标准、工作目标和具体要求，便于检查考核和项目实施单位对照实施；组织专家和相关人员讨论制定项目实施方案，将项目资金使用安排对应到每个具体环节，将各项措施的实施时限安排到具体月，保证项目实施工作有序进行。

第四“招”是配套设施建设、物资补贴到位。对参与物资供应的企业做出了6条规定，并要求各实施主体在项目办、财政局、农业纪工委的参与和监督下，采取招标或议标的方式确定物资设备供应企业。专家组指导、审核各实施主体量身制定的技术方案，并划片包干，分工负责，深入田间地头开展现场观摩、技术培训等活动。项目领导小组办公室与专家指导组成员，对项目实施工作先后进行三轮检查监督，规范配套设施建设、督促落实有机肥料供应等，有力提升了创建水平。

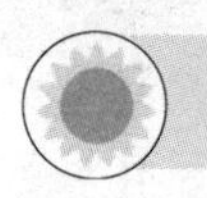

第六节　苹果树其他科学施肥新技术

目前苹果生产中推广应用的施肥新技术主要有：穴贮肥水地膜覆盖新技术、树干强力注射施肥技术、管道施肥喷药技术、根系简易灌溉施肥技术等。

一、苹果树穴贮肥水地膜覆盖新技术

穴贮肥水地膜覆盖新技术是把苹果树的浇水、施肥、保墒结合在一起，在局部范围内为根系的生长发育创造良好的环境，从而保证苹果树的正常生长和结果。该技术有省工、省水、成本低、效益高、便于推广等优点，是今后大力生产绿色果品的有效措施之一。该技术适用于山地、坡地、滩地、沙荒地、干旱少雨等苹果园。具体操作方法如下：

1. 处理草把

将玉米秸、麦秆或杂草切成30～35厘米长的段，捆成直径为15～25厘米的草把（共扎3道），然后放在10%尿素溶液或鲜尿中浸泡1～2天，

让其吸足水肥。

2. 挖穴数量

据树冠的大小定挖穴数量，山地苹果园或幼树的树冠较小时挖3～4个穴，7～8年生苹果树、冠径在3.5～4米时挖4～5个穴，成龄大树可挖6～8个穴。穴的直径要略大于草把的直径，一般为20～30厘米，穴深35～40厘米，土层较薄时，可适当浅些，但必须比埋入的草把高3～5厘米。穴位在树冠垂直投影下稍往里。

3. 埋草把

将吸足水肥的草把垂直放入穴内，再用50～100克氯化钾、50～100克过磷酸钙、50克尿素与土壤混合均匀后填到草把周围，踩紧踩实。草把顶部覆盖1厘米厚的土，再施50克尿素，然后浇水，每穴浇水4～5千克。

4. 覆盖薄膜

最后用薄膜覆盖整个树盘，覆膜后的施肥灌水都将在穴孔上进行，穴口比树盘低1～2厘米。下次浇水时，用木棍戳孔，每穴浇水4～5千克。需追肥时，把化肥溶于水后再浇施。浇后用土块压孔，防止风吹破薄膜。

5. 追肥及养护

可在花后、春梢停长期和采收前后等生长的关键时期，进行穴中追肥。进入雨季即可将地膜撤除，使穴内贮存雨水。一般贮养穴可维持2～3年，发现地膜损坏后应及时更换，再次设置贮养穴时改变位置，逐渐实现全园改良。

二、苹果树树干强力注射施肥技术

树干强力注射施肥技术是将苹果树所需要的肥料配成一定浓度的溶液，从树干强行直接注入树体内，靠机具持续的压力将进入树体的肥液输送到根、枝和叶部，直接被苹果树吸收利用。这种方法的优点是可及时矫治苹果树缺素症，减少肥料用量，不污染环境。但存在易引起腐烂病等缺点。

1. 操作技术

具体操作方法是：先用钻头的曲柄钻，在树干基部垂直钻3个深3～4厘米的孔，然后用扳手将针头旋入孔中，针头与树干结合要紧密牢固，针头尖端与孔底要留有0.5～1厘米的空隙。摇动拉杆，将注泵和注管吸满肥液，排净空气，连接针头，即可注肥。注射过程中应观察压力表读数，使压力恒定在10～15兆帕，以保证肥液连续进入树体。

2. 应用范围

目前，多用此法来注射含铁肥料，以治疗苹果树缺铁失绿症。配制好的1%左右的硫酸亚铁溶液，pH应为3.8～4.4，浅蓝色且透明。该溶液不宜久置，若出现红棕色沉淀，应调节pH使沉淀消失，否则不能应用。一般干周在40厘米以上的苹果树，硫酸亚铁的注射量为20克以上，失绿严重时可注射30～50克。

三、苹果树管道施肥喷药技术

管道施肥技术是采用大贮藏肥池统一配置肥液，用机械动力将肥液压入输送管道系统，直接喷施于树体上的一种施肥方法。适用于管道施肥的肥料种类及操作技术如下：

1. 肥料种类的选择

适于管道施肥的肥料品种必须具有易溶、速效、不易结晶或沉淀等特点，配制后肥液应成为清液或悬浮液，并不易堵塞管道和喷头，喷雾效果好。适于管道施肥的肥料品种主要有硝酸铵、硝酸铵钙、磷酸铵、硫磷铵、硝磷铵、氯化铵、硫酸铵、硝酸钙、硝酸钠、硝酸钾、尿素、重过磷酸钙、氯化钾、硫酸钾、磷酸二氢钾等。

2. 注入方法

（1）自流混合和在泵吸水侧注入　离心泵从自由水面，如沟渠或池塘抽水，在吸水管内形成负压。可以利用这一减压吸肥液入泵。肥液从敞口桶经过一段软管或管道进入泵的吸水管，流入过滤后管道，并用阀门控制，这一连接必须密闭防止空气进入泵。另一段软管或管道接泵的出水管用以向肥料桶灌水。

（2）压力泵注入　使用透平泵时，轮叶没入水中，肥液可以在压力下注入喷灌管道。可以用一个小型的旋转泵、齿轮泵、活塞泵等把肥液从桶中压入管道。

四、苹果树根系简易灌溉施肥技术

苹果树根系简易灌溉施肥技术实际就是灌根施肥技术。它是根据苹果树的需肥特性，将肥液注入管道，随同灌溉水一起施入土壤。由于节水省肥，特别适合于在缺水少雨的丘陵山区和沙漠土壤、盐碱地及经济效益高的苹果树上推广应用。

1. 简易滴灌施肥技术

利用不漏水的塑料袋（如旧化肥袋）作为贮肥水器，容肥水量为30~50千克，并准备一些扎捆用的细铁丝。滴管为直径3毫米的塑料管。每棵树需3~5个水袋，每袋需配备10~15厘米长的塑料滴管。把塑料滴灌的一端剪成马蹄形。在马蹄形的端部留1个约为高粱粒大小的孔，其余部分用火烘烤黏合。把滴管的另一端平剪插入塑料袋1.5~2厘米，然后用细铁丝扎紧固定。捆扎时要特别注意掌握好松紧度，过紧则出水慢，过松则出水快或漏水。出水量为每分钟110~120滴。

在树冠外围垂直投影的地面上挖3~5个等距离的坑，深20厘米左右，倾斜度为25度，宽依水袋大小而定。将制作好的水袋放入坑内。水不要平放，放好后将滴管埋入40厘米深的土层中。滴管所处位置要在树冠外缘的下方。

2. 简易渗灌施肥技术

基本做法是：地上部修建蓄水池，半径为1.5米，高2米，容水量为13吨左右。渗水管为直径2厘米的塑料管，每隔40厘米左右两侧及上方打3个针头大的小孔（孔径为1毫米），渗水管埋入地下40厘米左右。行距3米的苹果园，每行宜埋1条；行距4米以上的，每行埋2条。每条渗水管上安装过滤网，以防堵管道。渗幅纵深为90~100厘米，横向155厘米。根据苹果树长势需要施肥时，可将化肥直接投入贮水池，也可先溶解过滤后再输入流水道，肥液随水流渗入根际土壤，直接被根系吸收，肥效高，节水、省工。

渗灌也可利用果树皿灌器。皿灌器由陶瓷制成，可容水20千克，将肥料投入罐内随水慢慢渗入根部土壤层。渗水半径为100厘米。注肥液15千克，7天渗完。此法对矫治苹果树缺素症效果特别好。

3. 根系饲喂施肥技术

根系饲喂施肥技术是借助渗灌施肥的原理，在苹果树缺乏某种微量元素，采用其他施肥方法难以奏效时所应用的急救措施。特别是石灰性土壤苹果树缺铁黄化病的矫治。效果特别明显。

操作方法：早春于苹果树未萌芽前，将装有相当于叶面喷施适宜浓度的肥液的瓶子或塑料袋（内装200~300毫升肥液）埋入距树干约1米处，将粗度约为5毫米的吸收根剪断放入瓶子或塑料袋中，埋好即可。

根系饲喂施肥技术在苹果、梨、桃、柑橘等果树上矫治缺铁黄化病效果很好。施用最佳时期为果树落叶后或第二年春季萌芽前。果树生长期灌根时，必须严格掌握肥液浓度，以免发生肥害。

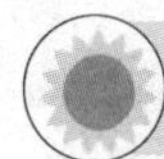

第七节　无公害、绿色、有机苹果科学施肥技术

一、无公害苹果对产地环境与施肥的要求

无公害苹果是指源于清洁的生态环境，在苹果树生长期间或完成生长后的加工、运输过程中，无任何有毒有害物质残留，或残留物质控制在对人体无害的范围之内的苹果及以此为原料的加工产品的总称。因此，无公害苹果生产除对生产环境有较为严格的质量要求外，对其生产过程中的施肥管理也有严格的规定。

根据不同苹果树种类对生态环境的要求，通过对影响果品质量卫生安全的关键环节的分析，针对最需要和最有用的关键控制点的监控进行人力、财力和物力的投入，并采取相应的生产技术措施，保证果品质量与安全，达到生产无公害果品的目的。

1. 无公害苹果生产对产地环境的要求

（1）基地选择　基地的大气、灌溉水、土壤质量符合国家或全国农业行业无公害果品产地环境标准，属于苹果树的生态最适宜区或适宜区。选择坡度在25度以下，土层深厚、有机质丰富、地下水位1米以下、生态条件良好，远离污染源并具有可持续生产能力的农业区域建设基地。定期对产地环境的空气质量、灌溉水质进行检测。

1）土壤环境质量。无公害果品生产应当选择生态环境良好的区域，无污染，污染物限量在允许范围内。根据当地实际情况，土壤质量指标可参考表4-32。

表4-32　无公害果品土壤环境质量标准

项　目	含量指标（最大值）/（毫克/千克）		
	pH<6.5	pH6.5～<7.5	pH≥7.5
总汞	0.30	0.50	1.0
总砷	40	30	25
总铅	250	300	350
总镉	0.30	0.30	0.60
总铬	150	200	250
六六六	0.5	0.5	0.5
滴滴涕	0.5	0.5	0.5

2）水环境质量。无公害苹果生产除了对水的量有一定要求外，更重要的是对水环境质量的要求，即生产用水不能含有污染物，特别是重金属和有毒有害物质，如汞、铅、镉、铬、酚、苯、氰等。无公害苹果产地应选择生态环境良好，无污染或不受污染源影响或污染物限量控制在允许范围内的地方，因此对产地灌溉水质有一定的要求，可根据当地实际情况，参考表4-33。

表4-33　无公害苹果产地灌溉水质指标

项　目	指　标	项　目	指　标
氯化物含量/(毫克/升)	≤250	铅含量/(毫克/升)	≤0.10
氰化物含量/(毫克/升)	≤0.5	镉含量/(毫克/升)	≤0.005
氟化物含量/(毫克/升)	≤3.0	铬含量（六价）/(毫克/升)	≤0.10
总汞含量/(毫克/升)	≤0.001	石油类含量/(毫克/升)	≤10
砷含量/(毫克/升)	≤0.10	pH	5.5~8.5

3）空气质量。无公害苹果产地应选择生态环境良好，空气质量好且不受污染物影响或污染物限量控制在允许范围内的地方，因此对产地空气质量有一定的要求，可根据当地实际情况，参考表4-34。

表4-34　无公害苹果产地空气质量指标

项　目	指　标	
	日平均	1小时平均
总悬浮颗粒物（TSP，标准状态）含量/(毫克/米^3)	0.3	
二氧化硫（SO_2标准状态）含量/(毫克/米^3)	0.15	0.50
氮氧化物（NO_x标准状态）含量/(毫克/米^3)	0.12	0.24
氟化物（F）含量/[微克/(分米^3·天)]	月平均10	
铅（标准状态）含量/(微克/米^3)	季平均1.5	季平均1.5

（2）基地建设　山地、丘陵按地形分区修筑梯带、防护林、道路、排灌溉设施等，防护林宜选与苹果树无共生性病虫害的速生树种，梯面走向应有3%。的比降，尽量做到“水不下山，土不出园”。背靠山坡的苹果园应修拦洪沟。根据苹果品种生长结果特性，确定种植密度，开挖定植

沟或定植穴。提倡宽行距和适当的株距。

2. 无公害苹果生产过程中投入品的控制

（1）品种及苗木的选择 选择市场前景好并经生产实践验证后适合推广的抗性较强的品种，针对主栽品种自花授粉能力，选配适宜的恰当比例的授粉品种。苗木品种纯正，生长发育正常并达到相关标准，无严重机械损伤，无国家规定的检疫性病虫害。提倡使用大苗或脱毒容器苗。

（2）苹果园土壤改良 苹果树多栽于山地、丘陵，土壤中有机质含量低，土层薄，结构不良，微生物活性差，不利于苹果树生长发育。可通过深翻改土予以改善。可依据劳动力情况选择扩穴或隔行深翻或全园深翻等方法，深翻出的表土与心土分别堆放，先在苹果树底部填入树枝、绿肥、蒿秆或杂草等，以提高底土的通透性，然后填一层表土及一层有机物和肥料，心土覆于上层。每次深翻可结合施入粗质有机肥料，深翻改土后还应及时充分灌水。根据土壤 pH 和苹果树的特性，施入一定量的熟石灰或硫黄粉，调整土壤酸碱度。

（3）苹果园土壤管理 幼龄苹果园树盘清耕或覆草，行间种植绿肥或多年生牧草；成龄苹果园提倡行间生草，树盘覆盖。苹果园绿肥或多年生牧草推荐以下种类：光叶紫花箭舌豌豆、紫云英、草木樨、三叶草、黑麦草等。豆科和禾本科牧草混种，对改良土壤有良好的作用。可以多次刈割的牧草，在苹果树花期前后，草高 25 厘米以上时，及时刈割，割后留茬 10 厘米左右，每年刈割 4～6 次。割下的草，撒于苹果园或覆于树盘上，或者用作饲料，造肥还园。一次性刈割的牧草，在牧草盛花时割倒。幼龄苹果园或成龄苹果园可用杂草或稻草及作物秸秆覆盖，厚度为 8～15 厘米，覆盖物应与苹果树根颈保持 10 厘米左右的距离。土层薄的苹果园，在冬季中耕松土后培入无污染或经无害化处理的塘泥、河泥、沙土或苹果园附近的肥沃土壤，厚度为 5～10 厘米，以加深（活）土层。

（4）肥料的使用 苹果树大多是生命周期长的木本植物，有其突出的需肥特点，在幼树生长期、初结果期、盛果期和衰老更新等各时期，对营养的要求不同，因而施肥的侧重点也有所不同。幼树期是苹果树营养器官大量建造的时候，对磷、氮较敏感，要注意施用氮磷肥；到盛果期，则要求优质、丰产，提高商品价值，要注意氮、磷、钾的适当配合，并且注意钙和微量元素。苹果树树体从小到大，施肥量也要相应增加。在一个年

周期内，苹果树既有营养生长，又有生殖生长，施肥时兼顾这两个方面的关系，使树势生长健旺，果实优质丰产。苹果树能贮藏营养，当年施肥，既要考虑树体上一年的营养水平，又要考虑是否满足苹果树当年生长、结实需要及对第二年的影响。

在保证水分和碳水化合物供应的同时，一定要考虑有机肥料和无机肥料的配合，氮、磷、钾肥的配合，大量营养元素、微量营养元素和稀土痕量元素的配合，要根据苹果树年周期中的需肥规律，在其对某种元素最需要的关键时期前施入。氮肥浅施，磷、钾肥最好与有机肥料混合，施于根系集中分布层。有机肥料需经腐熟和无害化处理，提倡使用沼气肥和叶片营养诊断配方肥。

石灰氮、碳酸氢铵不宜在苹果树上直接施用，限制使用含氯化肥和含氯复合（混）肥，禁止使用未经无害化处理的城市垃圾或含有重金属、橡胶的垃圾。

（5）水分管理　要求灌溉水无污染，水质应符合有关规定。苹果树在枝梢萌动及开花期和果实膨大期对水分敏感。此期应保证水分充足供应。及时清淤，疏通排水系统。多雨季节或苹果园积水时通过沟渠及时排水。果实采收前多雨的地区还可通过地膜覆盖园区土壤，挖深沟排水，降低土壤含水量，提高果实品质。

（6）病虫害的防治与农药的管理　以农业防治和物理防治为基础，提倡生物防治，按照病、虫、杂草害的发生规律和经济阈值，科学使用化学防治技术，有效控制病、虫、杂草危害。

3. 无公害苹果生产对肥料的要求

无公害苹果生产中允许使用的肥料种类包括有机肥料、无机肥料、微生物肥料、叶面肥料、微量元素肥料、复合（混）肥料、其他肥料等。

（1）有机肥料　就地取材、就地使用的各种有机肥料，由含有大量生物物质的动植物残体、排泄物、生物废物等积制而成，包括堆肥、沤肥、厩肥、沼气肥、绿肥、作物秸秆肥、泥肥、饼肥等。

（2）化学肥料　矿物经物理或化学工业方式制成，养分呈无机盐形式的肥料称为化学肥料，包括矿物钾肥和硫酸钾、矿物磷肥（磷矿粉）、煅烧磷酸盐（钙镁磷肥、脱氟磷肥）、石灰、石膏、硫黄等。

（3）微生物制剂　根据微生物肥料对改善植物营养元素的不同，微生物制剂可分成5类：根瘤菌肥料、固氮菌肥料、磷细菌肥料、硅酸盐细菌肥料、复合微生物肥料。

(4) 叶面肥料　以大量元素、微量元素、氨基酸、腐殖酸为主配制成的叶面喷施肥料，喷施于植物叶片并能被其吸收利用，包括含微量元素的叶面肥和含植物生长辅助物质的叶面肥等。叶面肥料中不得含有化学合成的生长调节剂。

(5) 微量元素肥料　以铜、铁、锌、锰、硼、钼等微量元素为主配制的肥料称为微量元素肥料。

(6) 复合（混）肥料　复合（混）肥料主要是指以氮、磷、钾中两种以上的肥料按科学配方配制而成的有机和无机复合（混）肥料。

(7) 其他肥料　有机食品、绿色食品生产允许使用的其他肥料。

在无公害苹果生产中，应适当控制硝态氮肥料的用量，适当控制以不当方式或高量使用任何一种单质化肥。禁止使用未经国家或省级农业部门登记的肥料。

4. 无公害苹果生产对肥料施用的要求

合理安全施肥不但能增加苹果的产量，而且能改善果品的营养品质、食味品质、外观品质，并改善食品卫生；合理安全施肥可以提高土壤营养，改善土壤结构，增进土壤“机体”健康，提高土壤对重金属离子的吸附，减轻重金属对农产品的污染；合理安全施肥可以提高化肥利用率，减少过量施用化肥对土壤环境造成的污染。

(1) 合理利用有机肥料资源　一是合理分配现有有机肥料资源，将其重点分配在经济植物上。二是加强有机肥料养分再循环，开发利用城市有机肥源，生产商品有机肥料。三是推广秸秆还田技术，缓解有机肥源和钾肥资源不足。四是积极发展绿肥，扩大绿肥种植面积。

(2) 有机肥料与无机肥料配合施用　有机肥料养分含量齐全，既有氮、磷、钾、钙、镁、硫等大、中量元素，又有铜、锌、铁、锰等微量元素及糖类、脂肪等营养物质。合理施用有机肥料，不但能增加作物产量，而且能提高经济作物产品的营养品质、商品品质，还可改善食品卫生（如降低硝酸盐含量）。同时，有机肥料中的有机物在土壤中分解腐烂，形成腐殖质。腐殖质中的各类腐殖酸是很好的净化剂，对土壤中的汞、镉、铜、镍等重金属的吸附率达70%～90%，明显减轻重金属对经济作物的污染。但单纯依靠有机肥料支撑现阶段无公害农产品的生产，是远远不能满足人民日益增长的物质生活需求的。因此，有机肥料与无机肥料配合施用，是实现无公害农产品大面积大批量生产的根本。

有机肥料与化肥配合使用，有利于土壤有机质更新，激发原有腐殖质的活性，提高土壤阳离子的代换量；有利于提高土壤酶的活性，增加作物对养分的吸收性能、缓冲性能和作物的抗逆性能；有利于协调氮素均衡稳定、长效，提高氮、磷、钾肥利用率，缓解施肥比例失调状况；有利于改善农作物品质，提高蛋白质、氨基酸等营养成分含量，减少果品中的硝酸盐、亚硝酸盐含量。

（3）科学施用化肥　无公害绿色食品生产要从平衡施肥、控制农药入手。在种植业生产中，肥料投入特别是化肥的投入，几乎占总物资投入的一半左右，化肥是果树获得高产的保证，也是农产品在产量和质量上提高和突破的保证。科学施用化肥可以改变作物的代谢方向，促进作物体内蛋白质、淀粉、蔗糖、脂肪、生物碱和其他有用物质的积累，从而达到改善品质的目的。反之，过量或不合理施用化肥，则会造成土壤污染，农产品质量下降，甚至会造成毒害。目前，农民施肥依然以尿素、二铵为主，在科学施肥方面存在一些盲目性，每年时有病害发生造成减产，增加防病治病的投入，影响农产品质量，减产减收。所以说，平衡施肥是农业生产中的关键。

1）提高氮肥利用率。一是施用适宜的氮肥，减少对环境污染。二是选择合适的施肥时期，降低氮肥损失率。三是氮肥深施减少氮素损失率。四是施用硝化抑制剂和脲酶抑制剂。五是水肥综合调控，提高肥料利用率。六是平衡施肥，协调作物营养。

2）注意磷肥合理施用。一是以轮作周期为单位施用磷肥，发挥磷肥后效。二是水溶性磷肥与有机肥料配合施用，减少磷的固定。三是氮、磷肥配合和混合集中施用。四是贫磷土壤应以有效利用磷肥和经济合理施肥为目标，丰磷土壤应以补偿性施磷为主。五是根据不同土壤、不同植物，合理分配磷肥品种。

3）合理补施钾肥，促进农产品优质化。目前，补施钾肥的办法有两种：一是秸秆还田，包括堆沤还田、翻压还田；二是合理施用化学钾肥，这是补钾最有效的办法。常用的化学钾肥主要有氯化钾、硫酸钾，还有少量的复合钾肥等。硫酸钾适用于各种土壤和作物，可用作基肥、种肥、追肥。氯化钾以播前基施为主，不宜在透水性差的盐碱地施用，不宜在对氯敏感的作物上施用。

4）合理配施微量元素肥料。合理补施微量元素肥料　一是避免过量施用。二是施微肥的同时，要配合其他相应农业措施。三是注意有机肥料与微肥配合施用。四是将微肥施用在敏感植物上。

(4) 改进施肥方法，改善农田环境 施肥方法合理与否不仅直接影响作物产量，而且对农田生态环境有较大影响。针对目前施肥现状应采取以下措施：第一，大力推广化肥深施技术，提高氮素化肥利用率，千方百计地减轻其挥发、淋失、反硝化所造成的环境污染；第二，变单一的土壤施肥为土壤施肥与叶面喷施相结合，以降低土壤溶液浓度，净化土壤环境；第三，依据抗旱节水的原则提出如下施肥建议，即控氮、施磷、补钾，采取前促中轻后补的施肥方法，达到节水节肥、提高肥料利用率、改善农产品品质、改善农田生态环境的目的。

二、绿色苹果对产地环境与施肥的要求

1. 绿色苹果对产地环境的要求

(1) 绿色苹果（即获得绿色食品认证的苹果）**对产地土壤质量的要求** 绿色苹果要求产地土壤元素位于背景值正常区域，周围没有金属或非金属矿山，并且没有农药残留污染，同时要求有较高的土壤肥力。要求各污染物含量不应超过表 4-35 所列的指标，同时土壤中的六六六、DDT 含量不能超过 0.1 毫克/千克。为了促进生产者增施有机肥料，培肥地力，建议转化后的绿色食品用地土壤肥力应达到土壤肥力分级 1 ~ 2 级指标 (表 4-36)。

表 4-35 绿色苹果产地土壤质量标准

项 目	含量指标（最大值）/(毫克/千克)		
	pH <6.5	pH6.5 ~ <7.5	pH≥7.5
总汞	0.25	0.350	0.35
总砷	25	20	20
总铅	50	50	50
总镉	0.30	0.30	0.60
总铬	120	120	120
总镉	0.30	0.30	0.40
总铜	50	60	605

表 4-36　土壤肥力分级参考指标

项　目	参考指标		
	1 级	2 级	3 级
有机质含量/(克/千克)	>20	15～20	<15
全氮含量/(克/千克)	>1.0	0.8～1.0	<0.8
有效磷含量/(毫克/千克)	>10	5～10	<5
有效钾含量/(毫克/千克)	>100	50～100	<50
阳离子交换量/(厘摩尔/千克)	>15	5～20	<5
土壤质地	轻壤	沙壤、中壤	沙土、黏土

(2) 绿色苹果对灌溉水的要求　绿色苹果生产用水质量要有保证；产地应选择在地表水、地下水质清洁无污染的地区；水域、水域上游没有对该产地构成威胁的污染源；生产用水质量符合绿色食品水质环境质量标准，可根据当地实际情况，参考表 4-37。

表 4-37　绿色苹果产地灌溉水质指标

项　目	指　标	项　目	指　标
氯化物含量/(毫克/升)	≤250	铅含量/(毫克/升)	≤0.10
粪大肠菌数/(个/升)	≤10000	镉含量/(毫克/升)	≤0.005
氟化物含量/(毫克/升)	≤2.0	铬含量（六价）/(毫克/升)	≤0.10
总汞含量/(毫克/升)	≤0.001	石油类含量/(毫克/升)	≤10
砷含量/(毫克/升)	≤0.05	pH	5.5～8.5

2. 绿色苹果对肥料的要求

(1) 肥料使用的原则　使用肥料必须满足植物对营养元素的需要，使足够数量的有机物质返回土壤，以保持或增强土壤肥力及土壤生物活性。所有有机肥料或无机肥料，尤其是富含氮的肥料，对环境和苹果树（营养、味道、品质和植物抗性）不产生不良后果方可施用。

(2) 可施用肥料的种类　应选用农家肥（包括秸秆肥、绿肥、厩肥、堆肥、沤肥、沼气肥、饼肥等）、商品有机肥料、微生物肥料；在以上肥料不能满足绿色食品生产需要时，允许施用有机无机复混肥料、无机肥料、土壤调理剂。

（3）不应施用的肥料 城市的垃圾和污泥、医院的粪便垃圾和含有毒物质（如毒气、病原微生物、重金属等）的垃圾；添加稀土元素的肥料；成分不明确、含有安全隐患成分的肥料；未经发酵腐熟的人粪尿；以转基因品种（产品）及其副产品为原料生产的肥料；国家法律法规规定不得施用的肥料。

（4）肥料施用规定

1）AA 级绿色苹果肥料施用规定。应选用农家肥、商品有机肥料、微生物肥料，不应施用任何化学合成肥料；可施用农家肥，但肥料重金属限量应符合《有机肥料》（NY 525—2012）的要求，粪大肠菌群数、蛔虫死亡率应符合《生物有机肥》（NY 884—2012）的要求；宜施用秸秆肥和绿肥，配合施用具有生物固氮、腐熟秸秆等功效的微生物肥料；商品有机肥料应达到《有机肥料》（NY 525—2012）中的技术指标，主要以基肥施入，用量视地力和目标产量而定，可配施农家肥和微生物肥料；微生物肥料中，农用微生物菌剂应符合《农用微生物菌剂》（GB 20287—2006）中的技术指标、生物有机肥应符合《生物有机肥》（NY 884—2012）中的技术指标、复合微生物肥料应符合《复合微生物肥料》（NY/T 798—2015）中的技术指标，用于拌种、基肥或追肥；水溶性肥料应符合《微量元素水溶肥料》（NY 1428—2010）、《大量元素水溶肥料》（NY 1107—2010）、《中量元素水溶肥料》（NY 2266—2012）、《含氨基酸水溶肥料》（NY 1429—2010）、《含腐殖酸水溶肥料》（NY 1106—2010）等中的技术指标，用于叶面喷施。

2）A 级绿色苹果肥料施用规定。允许施用有机无机复混肥料、无机肥料、土壤调理剂。农家肥施用按 AA 级绿色苹果施用规定执行，耕作制度允许情况下，宜利用秸秆肥和绿肥，按照约 25∶1 的比例补充化学氮素；厩肥、堆肥、沤肥、沼气肥、饼肥等农家肥应完全腐熟，肥料重金属限量应符合《有机肥料》（NY 525—2012）的要求。商品有机肥料的施用按 AA 级绿色苹果施用规定执行，可配施有机无机复混肥料、无机肥料、土壤调理剂。微生物肥料的施用按 AA 级绿色苹果施用规定执行，可配施有机无机复混肥料、无机肥料、土壤调理剂。有机无机复混肥料、无机肥料在绿色苹果生产中作为辅助肥料施用，用来补充农家肥、商品有机肥料、微生物肥料所含养分的不足。监控化肥用量，其中无机氮素用量按当地同种作物习惯施用量减半施用。根据土壤障碍因素，可选用土壤调理剂改良土壤。水溶性肥料按 AA 级绿色苹果施用规

定执行。同时规定，因施肥造成土壤污染、水源污染，或者影响农作物生长，农产品达不到食品安全卫生标准时，要停止使用该肥料，并向专门管理机构报告。

三、有机苹果对产地环境与施肥的要求

1. 有机苹果对产地环境的要求

有机苹果生产的产地环境条件比无公害苹果和绿色苹果生产更加严格，生产基地应与其他生产区建立隔离区。防止非有机食品生产基地内有污染的灌溉水渗透到有机苹果生产基地内。并严禁在废水污染源周围建立有机苹果园，如重金属含量高的污灌区和被污染的河流、湖泊、水库和废水排放口，污水处理池，排污渠，有机生活垃圾、冶炼废渣、化工废渣、废化学药品周围等，以免用于苹果园灌溉的水受到这些污染源的污染，影响苹果树的生长。有机苹果的灌溉用水必须清洁无污染，必须达到一定的标准，各项污染物限量可根据当地实际，参考表4-38。

表4-38　有机苹果生产灌溉水质量标准

序　号	项　目	标准值（果树）
1	五日生化需氧量/(毫克/升)	≤150
2	化学需氧量/(毫克/升)	≤300
3	悬浮物含量/(毫克/升)	≤200
4	阴离子表面活性剂含量/(毫克/升)	≤8.0
5	凯氏氮含量/(毫克/升)	≤30
6	总磷（以磷计）含量/(毫克/升)	≤10
7	水温/℃	≤35
8	pH	5.5~8.5
9	全盐量/(毫克/升)	1000（非盐碱地区） 2000（盐碱地区）
10	氯化物含量/(毫克/升)	≤250
11	硫化物含量/(毫克/升)	≤1.0
12	总汞含量/(毫克/升)	—
13	总镉含量/(毫克/升)	—

（续）

序　号	项　目	标准值（果树）
14	总砷含量/(毫克/升)	≤0.1
15	铬（六价）含量/(毫克/升)	≤0.1
16	总铅含量/(毫克/升)	≤0.1
17	总铜含量/(毫克/升)	≤1.0
18	总锌含量/(毫克/升)	≤2.0
19	总硒含量/(毫克/升)	≤0.02
20	氟化物含量/(毫克/升)	≤2.0（高氟区）
		≤3.0（一般地区）
21	氰化物含量/(毫克/升)	≤0.5
22	石油类含量/(毫克/升)	≤10
23	挥发酚含量/(毫克/升)	≤1.0
24	苯含量/(毫克/升)	≤2.5
25	三氯乙醛含量/(毫克/升)	≤0.5
26	丙烯醛含量/(毫克/升)	≤0.5
27	硼含量/(毫克/升)	≤1.0

2. 有机苹果对肥料的要求

有机苹果生产过程中，不得使有机产品标准中不允许使用的化学合成农药、化肥、生长调节剂等物质；禁止在有机生产体系或有机产品中引入或使用转基因生物及其衍生物，包括植物、动物、种子、繁殖材料及肥料、土壤改良物质、植物保护产品等农业投入物质。存在平行生产的苹果园，常规生产部分也不能引入或使用转基因生物。在种植中不准使用经过化学处理和基因改造的种子、种苗。在土壤培肥和改良过程中允许使用的物质见表 4-39。

表 4-39　有机作物种植允许使用的土壤培肥和改良物质

物质类别		物质名称、组分和要求	使用条件
植物和动物来源	有机农业体系内	作物秸秆和绿肥	
		畜禽粪便及其堆肥（包括圈肥）	

（续）

物质类别		物质名称、组分和要求	使用条件
植物和动物来源	有机农业体系外	秸秆	与动物粪便堆制并充分腐熟后
		畜禽粪便及其堆肥	满足堆肥要求
		干的农家肥和脱水的家畜粪便	满足堆肥要求
		海草或物理方法生产的海草产品	未经过化学加工处理
		来自未经化学处理木材的木料、树皮、锯屑、刨花、木灰、木炭及腐殖酸类物质	地面覆盖或堆制后作为有机肥源
		未掺杂防腐剂的肉、骨头和皮毛制品	经过堆制或发酵处理
		蘑菇培养废料和蚯蚓培养基的堆肥	满足堆肥要求
		不含合成添加剂的食品工业副产品	应经过堆制或发酵处理
		草木灰	
		不含合成添加剂的泥炭	禁止用于土壤改良；只允许作为盆栽基质使用
		饼粕	不能使用经化学方法加工的
		鱼粉	未添加化学合成的物质
矿物来源	磷矿石		天然的，通过物理方法获得，镉含量小于90毫克/千克
	钾矿粉		物理方法获得的，未通过化学方法浓缩。氯含量小于60%
	硼酸岩		
	微量元素		天然物质或未经化学处理
	镁矿粉		天然物质或未经化学处理

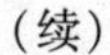

（续）

物质类别	物质名称、组分和要求	使用条件
矿物来源	天然硫黄	
	石灰石、石膏和白垩	天然物质或未经化学处理
	黏土（如珍珠岩、蛭石等）	天然物质或未经化学处理
	氯化钙、氯化钠	
	窑灰	未经化学处理
	钙镁改良剂	
	泻盐类（含水硫酸盐）	
微生物来源	可生物降解的微生物加工副产品，如酿酒和蒸馏酒行业的加工副产品	
	天然存在的微生物配制的制剂	

还应注意以下几点：

第一，保证施用足够的有机肥料以维持和提高土壤肥力、营养平衡和土壤生物活性。有机肥料应主要源于本园或有机农场（或畜牧场）；遇特殊情况（如采用集约耕作方式）或处于有机转换期或证实有特殊的养分需求时，经认证机构许可可以购入一部分园外的肥料。外购的商品有机肥料，应通过有机认证或经认证机构许可。

第二，认证机构应根据当地条件和苹果树的特性，对投入园内的微生物、植物和动物等可生物降解材料的总量进行控制，以防土壤有害物质积累。应严格控制矿物肥料的使用，以防止土壤中富集。微生物、植物和动物等可生物降解材料应成为施肥计划的基础。

第三，限制使用人粪尿，必须使用时，应当按照相关要求进行充分腐熟和无害化处理，并不得与苹果树食用部分接触。

第四，施肥时尽量减少养分流失，避免重金属和其他污染物的积累，天然矿物肥料和生物肥料不得作为系统中营养循环的替代物，矿物肥料只能作为长效肥料并保持天然组分，禁止采用化学处理提高其溶解性。

第五，有机肥堆制过程中允许添加来自于自然界的微生物，但禁止使用转基因生物及其制品。

第六，有理由怀疑肥料存在污染时，应在施用前对其重金属含量或其他污染因子进行检测。禁止使用化学合成肥料及城市污水、污泥。

第七，在使用保护性的建筑覆盖物、塑料薄膜、防虫网时，只允许选择聚乙烯、聚丙烯或聚碳酸酯类产品，并且使用后应从土壤中清除。禁止焚烧，禁止使用聚氯类产品。

3. 有机苹果园的土壤消毒

有机苹果园土壤消毒主要依靠热力技术，如土壤暴晒、施肥发酵等。土壤暴晒技术是在潮湿土壤上（一般要求含水量在60%~70%），于炎热的季节（夏季）用塑料薄膜覆盖土壤4个星期以上，以提高土壤温度，杀死或减少土壤中有害微生物的一项技术，主要方法有：

(1) 双层膜覆盖　在暖温带地区，使用双层膜覆盖土壤防止热量、温度和挥发气体的散失，能提高温度3~10℃，增强防治有害生物的效果。

(2) 黑色膜覆盖加土壤热水处理　田间应用黑色膜覆盖，同时结合热水处理土壤（在10~20厘米的土壤中灌进15~20℃的温水），能使土壤温度提高56~60℃，提高防治效果。

(3) 施未腐熟有机肥料　薄膜下的土壤施上未腐熟的有机肥料，靠有机物的腐熟发酵进一步增温。

(4) 电热线加温　薄膜下的土壤中埋设电热线，通过电加热进一步增温。

(5) 热塑料膜加杀菌杀虫剂　使用能吸收红外线的热塑料膜，土壤覆膜和加入有机农业允许的杀菌杀虫剂可进一步提高消毒效果。

(6) 深翻换土　深翻换土，即在定植穴内进行深翻，把定植穴内0.5米^{3}的土壤挖走，换好土埋入定植穴，然后栽植苹果树。

(7) 消毒后增施肥料　土壤消毒后，在增施有机肥料的同时，必须配合增加有益微生物，这样一方面可以对抗病原菌，另一方面可以促进有机物质分解，提高土壤活力。

温馨提示

VAM真菌即丛枝—泡囊菌根真菌，是一种与果树发生有益共生的内生菌根真菌。重茬地果树栽植时，在苹果树根际直接接种VAM真菌，可减轻苹果树再植病的发生，促进苹果树的生长和结果。也可在苹果树栽植前，先种植豆科植物，如小冠花、三叶草和苜蓿。这些豆科植物是VAM真菌的寄主，种植这些作物，可以促进土壤内VAM真菌的发生、发育和大量繁殖，同时，还可固定氮素。通过增加土壤肥力，苹果树定植后不易发生再植病。特别是在土壤消毒的基础上再接种VAM真菌，对防止苹果树再植病的发生有显著的效果。

四、无公害苹果科学施肥技术的应用

这里以西北农林科技大学袁景军等人的“绿色无公害苹果六大生产原则与关键控制技术”文章中相关内容为例。

无论从国际市场还是国内需求，发展绿色无公害果品的生产势在必行，依照绿色无公害果品生产标准发展果业生产，是陕西省苹果走向市场，参与国际竞争，摆脱目前局面的根本举措。

1. 新建果园无毒化

（1）新建果园产地环境 无公害苹果生产新建园主要遵循3个原则：

一是选择生态条件良好的最佳适宜区。基地建设应根据规划和区划确定，不能盲目发展。苹果生长发育需要一定的积温，小于或等于10℃的天数超过50天，夏季平均气温在22～26℃有利于花芽分化，日照时间为1600～2800小时，降水量为500～700毫米，秋季昼夜温差大于或等于17℃，都有利于树体的物质积累和转化。

二是远离污染源。大气污染包括二氧化硫、氟化氢、臭氧、氮化物、碳氢化合物等；水质污染为河水、地下水、地 表水、饮用水中硝酸盐等；土壤污染是化肥、灌水、喷药和生活垃圾等。具有可持续生产能力的农业生产区域，应符合《无公害农产品　种植业产地环境条件》（NY 5010—2016）的规定。

三是应用无病毒苗木。国内外已报道的病毒病害有30多种，所有栽培苹果的国家或地区都有病毒病害的发生，我国目前鉴定明确的有6种，即苹果锈果病毒、绿皱果病毒、花叶病毒、茎痘病毒、褪绿叶斑病毒、茎沟病毒，病株终生带毒致病，难以用药剂进行有效控制。

（2）大坑定植，施足基肥 栽前开挖定植穴或定植沟，定植穴长、宽、深各80厘米，定植沟宽、深80～100厘米，沟底填入20厘米杂草，再将原挖出的40～50厘米表土回填入坑中，每亩施入土粪1000～2000千克，同时混入过磷酸钙100～200千克，然后把挖出的40～50厘米心土填入表层。

2. 果园生态模式化

（1）果园生态模式运行原则 果园行间种植三叶草可以起到保墒肥地，防止水土流失，减少果园劳动强度，以及为家畜提供饲草的作用。在5亩果园建造一座体积为8～10米^{3}的沼气池，具有旋流布料、进出口分开、气动搅拌功能；沼气池上修猪舍或羊舍，面积为能养殖8～12头猪、

20~25只羊，将家畜粪尿入沼气池经厌氧发酵，产生的沼气解决五口之家的家庭生活用能，年产沼肥15吨，可满足盛果期果园对有机肥料的年需求。产生的沼肥无毒无害化处理，其中含有丰富的营养物质和果树不可缺少的微量元素，更适合苹果的吸收与利用，并提供了人们可利用的太阳能和生物能，在保护环境的过程中利用自然资源，形成良性循环体系，是一种高效节能的绿色无公害苹果生产模式，是渭北旱原苹果产业可持续发展的主要途径。

（2）生态果园利用技术　一是种草与刈割。树下留1.2米宽的清耕带，行间于春季或秋季每亩播种白三叶草0.5千克，在雨后播种出苗最好，种草后适当追施磷肥，利于草的生长。当草的高度达到30厘米时，可逐块刈割喂猪、羊。

二是家畜粪便及时入沼池厌氧发酵。对家畜粪便随时用水清理入池中，经常检查保持沼池中的水分足够。据测定，一般沼气发酵后有机肥料中氮素损失5%，低于普通堆沤40%左右；对于磷素损失率，沼气发酵是普通堆沤的1/16，堆沤时钾元素最易随水流失，而在密封的沼池中钾元素回收率可达90%。

三是沼肥叶喷与根施。沼液叶面喷施一般在果实膨大前进行，喷施前应经沉淀过滤处理，然后稀释3~5倍使用。沼液根施宜在花前、幼果期或果实膨大期施用，每棵苹果树灌沼液15~30千克。秋季根施沼渣每棵苹果树用50千克左右，沼渣可提高土壤中微生物含量，使苹果根系处于一个更加有利于其生长的微环境中。

3. 施肥制度科学化

（1）施肥原则　以优质有机肥料为主，优质化肥为辅，绿色苹果施用的农家肥包括堆肥、沤肥、厩肥、沼肥、秸秆肥、饼肥等。农家肥必须经过腐熟发酵、高温堆制，消除或减少有害微生物、致病病原体、抗生素、激素等物质对果园的污染，提高养分的有效性。可使用的肥料包括商品有机肥料、腐殖酸类肥、微生物肥、有机复合肥、无机矿质肥、叶面肥、有机无机复混肥等。未经无毒化处理的城市垃圾，或含有金属硝态氮肥，未腐熟的人粪尿及未获准登记的肥料产品均禁止使用，在苹果园以有机肥料为基础的前提下，依据有机肥料和土壤的养分有效供给量和强度，不足部分用化肥补充。通过对土壤和叶的分析，实现多元肥料定量平衡精确化施用，避免施肥不足或过量造成的危害。

（2）平衡施肥技术　一是早施基肥。果实采收后，秋季一次性施足基肥，以农家肥为主，混入少量氮肥、磷肥和钾肥，施肥量按每生产1千克苹果施1.5~2.0千克优质农家肥计算，盛果期果园每亩施3000~5000千克有机肥料。施肥部位在树冠投影范围内，沟施采用放射状或环状，沟深60~80厘米；撒施是将肥料均匀撒入树冠下，并深翻20厘米。

二是根部追肥。一般每年3次，第一次在萌芽前后，以氮肥为主，磷肥为辅。第二次在花芽分化及果实膨大期，以磷、钾肥为主，氮、磷、钾肥混合使用。第三次在果实生长后期，以钾肥为主。根据营养诊断和平衡施肥的原则，每亩盛果树全年追施纯氮18~23千克，纯磷20~25千克，纯钾25~30千克；追肥方法为在树冠下开沟深15~20厘米，追施后及时灌水覆土。

三是叶面喷肥。全年进行叶面喷肥5~8次，主要补充钙、镁，以及硼、铁、锰、锌等微量元素，一般5月上旬喷布1次中量元素型含氨基酸水溶肥料600~800倍液，在苹果补钙关键临界期（5月中下旬~6月上中旬）叶面喷布2次中量元素型含氨基酸水溶肥料400~500倍液，以后在果实膨大期和采果前每隔12~14天再喷2~3次；套袋果在套袋前连喷2次以上，可保证和防止苹果缺钙痘斑病和苦痘病等病害的发生。

四是干枝涂肥。在果树萌芽前后和花期用中量元素型含氨基酸水溶肥料3~5倍液加5%尿素或氨基酸涂干1~2次；在花芽分化期用中量元素型含氨基酸水溶肥料5~8倍液涂干1次，如果缺锌，还可以用硫酸锌溶液。

第八节　我国苹果科学施肥技术的实际应用

我国苹果种植区主要集中在黄土高原和渤海湾两个主要产区。渤海湾地区的山东、河北、辽宁和黄土高原地区的陕西、甘肃、河南、山西是我国苹果生产规模最大的七个主要省份。每年秋季、春季农业农村部都会发布苹果科学施肥指导意见供各主产区果农参考。

一、农业农村部苹果科学施肥指导意见

1. 秋冬季苹果科学施肥指导意见

（1）苹果主产区施肥存在问题　主要表现在以下4方面：

1）果园有机肥料投入不足，果园土壤有机质含量低、缓冲能力差。

2）非石灰性土壤产区，果园土壤酸化加重趋势明显，中、微量元素钙、镁、钼和硼缺乏时有发生；石灰性土壤产区，果园土壤中的铁、锌和

硼缺乏问题普遍。

3）集约化果园氮、磷肥用量普遍偏高，中、微量元素养分投入不足，肥料增产效率下降，生理性病害发生严重。

4）在施肥时期上，存在忽视秋季施肥，春、夏季施肥偏多等施肥问题。

（2）苹果主产区施肥原则　针对苹果主产区施肥存在的问题，要遵循以下施肥原则：

1）增施有机肥料。长期施用畜禽粪便发酵腐熟类有机肥料的果园，改用优质堆肥或生物有机肥，提倡有机肥料与无机肥料配合施用。

2）依据土壤肥力和产量水平，适当调减氮、磷化肥的用量；注意钙、镁、钼、硼和锌的配合施用。

3）出现土壤酸化的果园，可通过施用土壤调理剂、硅钙镁肥或石灰改良土壤。

4）与覆草、覆膜、自然生草和起垄等优质高产栽培技术相结合。

（3）苹果主产区有机肥料施用方案　早熟品种或土壤较肥沃或树龄小或树势强的果园施农家肥1500～2000千克/亩，或生物有机肥300千克/亩；晚熟品种或土壤瘠薄或树龄大或树势弱的果园施农家肥2000～3000千克/亩，或生物有机肥350千克/亩。

（4）苹果主产区化肥施用方案　根据目标产量确定施肥量：

1）亩产4500千克以上的果园，氮肥（N）15～25千克/亩，磷肥（P_2O_5）7.5～12.5千克/亩，钾肥（K_2O）15～25千克/亩。

2）亩产3500～4500千克的果园，氮肥（N）10～20千克/亩，磷肥（P_2O_5）5～10千克/亩，钾肥（K_2O）12～20千克/亩。

3）亩产3500千克以下的果园，氮肥（N）10～15千克/亩，磷肥（P_2O_5）5～10千克/亩，钾肥（K_2O）10～15千克/亩。

土壤缺锌、硼、钙的果园，相应施用硫酸锌1～1.5千克/亩、硼砂0.5～1千克/亩、硝酸钙20千克/亩左右，与有机肥料混匀后在9月中旬～10月中旬施用（晚熟品种采果后尽早施用）；施肥方法采用穴施或沟施，穴或沟的深度为40厘米左右，每棵树3～4个（条）。

化肥分3～4次施用（晚熟品种4次），第一次在9月中旬～10月中旬（晚熟品种采果后尽早施用），在有机肥料和硅钙镁肥基础上施用40%氮肥、60%磷肥、40%钾肥，适当增加氮、磷肥的比例；第二次在第二年4月中旬进行，以氮、磷肥为主，施用20%氮肥、20%磷肥；第三次在第二年6月初果实套袋前后进行，根据留果情况，氮、磷、钾配合施用，施用20%氮肥、20%磷肥、40%钾肥；第四次在第二年7月下旬~8月中旬，施用20%氮肥、20%钾肥，根据降雨、树势和产量情况采取少量多次的方法进行，以钾肥为主，配合少量氮肥。

在10月底~11月中旬，连续喷3次1%~7%尿素，浓度前低后高，间隔时间为7~10天。

（5）苹果主产区配方肥施用方案 苹果主产区如果采用配方肥推荐方案，其施肥方案为：

1）在9月中旬~10月中旬（晚熟品种采果后尽早施用）施用采果肥。在施用农家肥1500~3000千克/亩（或生物有机肥300千克/亩）、硅钙镁肥50千克/亩、硫酸锌1~1.5千克/亩、硼砂0.5~1千克/亩的基础上推荐15-15-15（N-P_2O_5-K_2O）或相近配方，配方肥推荐用量为80~120千克/亩。

2）在3月中旬~4月中旬施1次钙肥，每亩施硝酸铵钙30~50千克，尤其是有苦痘病、裂纹等缺钙严重的果园。

3）在第二年6月初果实套袋前后施用套袋肥，根据留果情况，氮、磷、钾配合施用。推荐18-10-17（N-P_2O_5-K_2O）或相近配方。配方肥推荐施用量为40~80千克/亩。

4）在第二年7月中旬~8月中旬施用2次膨果肥。推荐15-5-25（N-P_2O_5-K_2O）或相近配方，配方肥推荐用量为20~60千克/亩。

2. 春季苹果科学施肥指导意见

（1）苹果主产区施肥原则

1）增施有机肥料，提倡有机肥料与无机肥料配合施用；依据土壤测试和树相，适当调减氮、磷、钾化肥的用量；注意增加钙、镁、硼和锌的施用。

2）秋季已经施基肥的果园，萌芽前不施肥或少施肥。秋季未施基肥的果园，一是参照秋季施肥建议在萌芽前尽早施入，早春干旱缺水产区要在施肥后补充水分以利于养分吸收利用；二是在萌芽前（3月上旬开始）喷3次1%~3%尿素（浓度前高后低）加适量白糖（约1%）和其他缺乏的微量元素及防霜冻剂以增加贮藏养分，利于减轻早春晚霜冻害。

3）与高产优质栽培技术相结合，如平原地起垄栽培、生草技术、下垂果枝修剪技术及蜜蜂授粉技术等。黄土高原等干旱的区域要与地膜（园艺地布）等覆盖结合。

4）土壤酸化的果园可通过施用硅钙镁肥或石灰等其他土壤改良剂改良土壤。

(2) 苹果主产区施肥建议　根据目标产量确定施肥量，亩产2500千克以下的果园：氮肥（N）5～7.5千克/亩，磷肥（P_2O_5）3～3.5千克/亩，钾肥（K_2O）7.5～10千克/亩；亩产2500～4000千克的果园：氮肥（N）7.5～15千克/亩，磷肥（P_2O_5）3.5～7千克/亩，钾肥（K_2O）10～17.5千克/亩；亩产4000千克以上的果园：氮肥（N）10～17.5千克/亩，磷肥（P_2O_5）4.5～10千克/亩，钾肥（K_2O）12.5～20千克/亩。

化肥分3～6次施用，第一次在3月中旬～4月中旬，以氮钙肥为主，建议施用1次硝酸铵钙，每亩用量为30～50千克。第二次在果实套袋前后（5月底～6月初），氮、磷、钾配合施用，建议施用17-10-18苹果配方肥。6月中旬以后建议追肥2～4次；前期以氮、钾肥为主，增加钾肥用量，建议施用16-6-20配方肥；后期以钾肥为主，配合少量氮肥（氮肥的用量根据果实大小确定，果实较大的一定要减少氮肥用量，并且增加钙肥等的用量）。干旱区域建议采用窄沟多沟施肥方法，多雨区域可采用放射状沟施法或撒施。

土壤缺锌、硼的果园，萌芽前后每亩施用硫酸锌1～1.5千克、硼砂0.5～1.0千克；在花期和幼果期叶面喷施0.3%硼砂，果实套袋前喷3次0.3%钙肥。土壤酸化的果园，每亩施用石灰150～200千克或硅钙镁肥50～100千克等。

二、山东烟台苹果科学施肥技术

1. 山东烟台苹果科学施肥原则

(1) 增施有机肥料　提倡有机肥料与无机肥料配合施用；依据土壤肥力条件和产量水平，适当调减氮、磷化肥的用量，注意钙、镁、硼和锌的配合施用。

(2) 优化化肥品种结构　烟台市果园土壤普遍酸化，建议少施酸性或生理酸性肥料。氮肥中少施铵态氮肥，建议多使用硝态氮肥，如硝酸钙、硝酸钾等；磷肥中可选用磷酸一铵或二铵，推广使用聚磷酸铵肥料；钾肥中可选用氯化钾、硝酸钾、磷酸二氢钾、硫酸钾等，不选用含游离酸高的硫酸钾；中、微量元素肥选用硝酸钙、生石灰、硼砂、硼酸钠、硫酸镁。

(3) 改良土壤　出现土壤酸化的果园可通过贝壳粉等矿物源土壤改良剂或生石灰调节土壤酸碱度，目标pH为6.0～6.5。应用生石灰改良果园酸化土壤时，注意均匀撒施，施后与土混合，避免因集中施用损伤果树根系。

（4）技术配套　苹果科学施肥应与果园生草、水肥一体化等高产栽培技术相结合。

2. 山东烟台苹果科学施肥建议

（1）确定用量依据　建议根据目标产量和土壤供肥能力确定肥料用量，每生产 100 千克苹果，施纯氮 0.6 ~ 1.0 千克、五氧化二磷 0.2 ~ 0.3 千克、氧化钾 0.8 ~ 1.1 千克。

（2）肥料分配　秋季未施基肥的果园在萌芽前尽早施入，早春干旱缺水地块要在施肥后补充水分以利于养分吸收利用。秋季已经施基肥的果园，追肥 3 ~ 4 次，花前或 3 月底到 4 月初将氮肥用量的 20%、磷肥用量的 10%、钾肥用量的 20% 配合施用；6 月中旬以磷、钾肥为主，肥料施用量分别为氮肥量的 20%、磷肥量的 20%、钾肥量的 20%；果实膨大期以钾肥为主，肥料施用量分别为氮肥量的 20%、磷肥量的 20%、钾肥量的 40%。

（3）施肥方法　追肥采用在树冠下挖放射状沟或环状沟，沟深 15 ~ 20 厘米，数量 6 ~ 8 条。将肥料与土充分混合，然后填入施肥沟内。每个时期施肥后必须立即浇水，以防渗透压增大而烧根、烧树。

（4）补充中、微量元素　土壤缺锌、硼和钙的果园，萌芽前后每亩施用硫酸锌 1 ~ 1.5 千克、硼砂 0.5 ~ 1.0 千克、硝酸钙 30 千克；土壤酸化的果园，每亩施用石灰 60 千克左右或硅钙镁肥 50 ~ 100 千克。

（5）根外追肥　根外追肥一般与喷洒农药相结合。开花前喷施 0.3% ~ 0.5% 硼砂或硼酸钠 1500 倍液，2 ~ 3 次；果实套袋前喷施康朴液钙 1500 倍液或 0.2% ~ 0.4% 硝酸钙，一般喷 3 次；生育后期喷施 0.2% 磷酸二氢钾。在采前 4 周和 2 周增喷康朴液钙 1500 倍液。

（6）有管道设施的果园可采用水肥一体化施肥技术　烟台亩产 4000 千克的现代果园微灌施肥方案见表 4-40。

表 4-40　烟台亩产 4000 千克的现代果园微灌施肥方案

生育时期	灌溉次数	灌水定额/[米^3/(亩·次)]	每次灌溉加入的纯养分量/(千克/亩)				备注
			N	P_2O_5	K_2O	$N+P_2O_5+K_2O$	
收获后	1	30	10.5	8.0	8.75	27.25	沟灌
花前	1	15	5.3	1.18	3.3	9.78	微灌
初花期	1	15	5.3	1.17	3.3	9.77	微灌
花后	1	20	3.15	2.9	4.75	10.8	微灌

（续）

生育时期	灌溉次数	灌水定额/[$米^3$/(亩·次)]	每次灌溉加入的纯养分量/(千克/亩)				备注
			N	P_2O_5	K_2O	$N+P_2O_5+K_2O$	
初果	1	20	3.15	2.9	4.75	10.8	微灌
果实膨大期	2	20	3.0	1.6	6.15	10.75	微灌
合计	7	140	33.40	19.35	37.15	89.9	

1）秋施基肥。于10月下旬~11月上旬，每亩基施商品有机肥料600千克、纯氮10.5千克、五氧化二磷8千克、氧化钾8.75千克，可选用三元复合肥（22-7-11）50千克，如果土壤中氮、磷不足，每亩可加施10千克磷酸二铵；每亩施硼砂1千克、硫酸锌1.5千克，酸性土壤每亩可使用60千克生石灰调理土壤。机械开沟施肥深度在30厘米以上，人工放射状沟施深度为40厘米。每亩施30千克硝酸钙、15~20千克颗粒镁，分花后两次使用，不与其他化肥混施。

2）管道施肥。每亩共需纯氮、五氧化二磷、氧化钾分别为22.9千克、11.05千克、28.47千克。前期需要高氮低磷中钾，建议施用17-10-18苹果配方肥；膨大期宜选用低氮中磷高钾型配方肥，如12-11-18；膨果肥也可选用高钾配方15-5-30、16-8-34水溶性肥料。或者选用尿素（氮含量为46%）、工业级磷酸一铵（氮含量为12%、五氧化二磷含量为61%）、硝酸钾（氮含量为13%、氧化钾含量为46%）3种水溶性基础肥料配制。

三、陕西苹果绿色施肥技术

陕西省是果业大省，苹果种植面积达1000万亩。从生产角度看，目前巩固陕西省苹果产业的竞争优势的关键是提高果品品质和商品化率，而要达到此目标，推行苹果绿色施肥技术尤为重要。

1. 陕西苹果施肥存在的问题

根据近年田间调查发现，陕西果园施肥方面主要存在以下问题：一是超量施肥情况严重。陕西苹果园亩均化肥用量达74.8千克，超量80%以上，远高于世界平均水平。一半以上的农户过量施肥，氮肥、磷肥、钾肥分别占比达到46.4%、70.4%和54.4%。二是施肥结构不平衡。重化肥，轻有机肥料；重大量元素肥料，轻中、微量元素肥料；重氮肥，轻磷、钾肥的“三重三轻”问题突出。三是施肥方法不科学。农户沟施、穴施化肥不与土壤混匀，造成施肥点养分浓度过大，烧根，养分不能被吸收利用。四是果园土壤有机质含量低。全省果园土壤有机质含量测定值平均为11.4克/千克，其中80%果园有机质含量不足13克/千克。果园土壤有机质缺乏已成为影响苹果品质的关键因素。这些问题既造成肥料的浪费，影响苹果品质，更会造成农业环境面源污染，果园土壤退化、盐分积累等不良影响。

2. 陕西苹果绿色施肥技术路径

（1）精准施肥 根据不同区域土壤条件、产量潜力和养分综合管理要求，合理制定各区域、单位面积施肥限量标准，减少过量施肥现象。

（2）调整化肥使用结构 优化氮、磷、钾养分配比，促进大量元素与中、微量元素配合。引导肥料产品优化升级，大力推广配方肥料、控释肥料、水溶性肥料、生物肥料等高效新型肥料。

（3）改进施肥方式 加大宣传培训，研发并推广适用的施肥设备，配置水肥一体化设施，结合苹果生育特点推广适期施肥、叶面喷施、水肥一体化施肥等方式，杜绝聚堆施肥、表面撒施等不科学施肥方式。

（4）增施有机肥料 增施商品有机肥料、沼肥、农家肥，采用果园生草、秸秆覆盖等技术，合理增加有机养分投入，用有机肥料替代部分化肥；提升耕地基础地力，用耕地内在养分替代部分外来化肥养分投入。

3. 苹果绿色施肥适用技术模式

根据以上思路和技术要求，结合陕西苹果产区生产实际，提出以下施用技术模式：

（1）商品有机肥料（精制有机肥料、生物有机肥）+配方肥模式 幼园每亩底施商品有机肥料250千克、高氮型配方肥25～50千克。盛果树每亩底施商品有机肥料400千克、配方肥100～150千克。底肥、萌芽肥、膨大肥分别为高磷型（2∶5∶3）、高氮型（6∶2∶2）、高钾型（3∶2∶5）。施肥方式为沟施或穴施，肥料必须与土壤混匀。

（2）商品有机肥料+水肥一体化技术模式 商品有机肥料均为底施，幼园每亩底施250千克，盛果树每亩底施400千克。有充足水源的地区可配备自动水肥一体化滴灌设施，水源不足或旱地可配备储水罐、池等简易水肥一体化滴灌设施，旱地还可用施肥枪等简易水肥一体施肥设备。水肥一体化施肥根据苹果生长需要结合土壤墒情进行，施肥方式少量多次，全生育期一般施肥3～6次。对于水溶性肥料、冲施肥料的选择，秋季选择高磷型、春季选择高氮型、夏季选择高钾型。盛果园总施肥量：氮不超过20千克/亩，磷不超过10千克/亩，钾不超过25千克/亩。

（3）沼肥+配方肥技术模式 幼树每亩施沼渣（沼液混合物）2000

千克、高氮型配方肥 50 千克。盛果树每亩施沼渣（沼液混合物）3500～5000 千克、配方肥 100～150 千克。配方肥施用时期、方法和养分运筹同上。沼液也可叶面喷施。方法是将沼液用纱布过滤后，兑 20%～30% 的清水，搅拌静置沉淀 10 小时后，取其澄清液，用喷雾器喷洒叶背面，每亩用沼液 80～100 千克。沼肥必须采用正常产气 3 个月以上的沼气池出料间里的沼肥。用沼液追肥时要注意浓度，尤其是在天气持续干旱的情况下，最好随水施入，以免烧根。叶面喷施最好选择在湿度较大的早晨或傍晚进行。

（4）绿肥＋配方肥技术模式　果园种植绿肥主要推荐白三叶草、黑麦草和油菜，也可采用自然生草法。9～10 月种植三叶草、黑麦草、油菜。多年生草和自然生草在草高 30 厘米时开始刈割，全年刈割 3～5 次。割下来的草用于覆盖树盘的清耕带，即生草与覆草相结合。油菜在开花前后均可刈割，打碎后翻压还田。绿肥生长期还要每亩施氮肥 10～20 千克。生草头两年还要在秋季每亩施用农家肥 2000 千克左右，以后逐年减少或不施。配方肥料用法同上。如果因干旱等原因亩产鲜草量少于 2000 千克，需每亩配施商品有机肥料 100～200 千克或农家有机肥 1000 千克。

除以上常见的苹果绿色施肥技术模式外，用缓控释肥料替代配方肥，用农家肥替代绿肥、商品有机肥料、沼肥，用秸秆替代绿肥进行覆盖还田，各地均可参考上述技术模式，结合生产实际进行重组，产生新的技术模式。一般农家肥用量为每亩 2000～3000 千克，秸秆覆盖还田量为 1000～2000 千克，缓控释肥参照肥料说明适当减量。

四、豫西山地丘陵区苹果水肥一体化节肥增效技术

水肥一体化是水和肥料同步供应的一项集成农业技术，保证作物在吸收水分的同时吸收养分，又称灌溉施肥或水肥耦合。苹果水肥一体化主要是在有压水源条件下，通过施肥装置和灌水器，将肥水混合液输送至果树根系附近的技术。苹果水肥一体化技术包括滴灌施肥、渗灌施肥、环绕滴灌施肥等方法。环绕滴灌施肥是在原来的滴灌施肥技术基础上对滴头布置方式进行适当改进，同时配套生草覆盖、地布覆盖（可防治杂草，减少蒸腾，透气性好，雨水可以渗入）等农艺措施，节水节肥增效效果显著，有广阔的应用前景。

1. 技术效果

水肥一体化施肥技术是由管道准确适时适量地向作物的根层供水，并可局部灌溉施肥，提高水的利用率；由于减少了肥料的流失，提高了肥效，

同时滴灌施肥多集中在根层附近，容易被作物吸收，肥料利用率较高；因为水肥的合理配合，增产增收效果明显。此外，该技术还可改善土壤的环境结构。滴灌浇水比较均匀，用水少，保持土壤疏松，土壤不容易板结。

2. 适用范围

该技术适用于豫西山地丘陵缺水地区，依据不同地区、气候、土壤条件和降水情况，水肥用量需及时调整。

3. 苹果水肥一体化节肥增效技术内容

（1）环绕滴灌施肥核心技术

1）系统组成。环绕滴灌施肥首部枢纽由动力设备、水泵、变频设备、施肥设备、过滤设备、进排气阀、流量及压力测量仪表等组成。每行果树沿树行布置1条灌溉支管，距树干50厘米处铺设1条环形滴灌毛管，直径为1米左右，围绕树干铺设1条环形滴灌管；在滴灌管上均匀安装4~6个压力补偿式滴头，形成环绕滴灌。其中，幼龄果树安装4~5个滴头，成龄果树安装6个滴头，流量为4.2升/小时。

2）操作要点。在正常年型，全生育期滴灌5~7次，总灌水量110~150米^3/亩；随水施水溶性肥料3~4次，每次3~6千克。果树萌芽前，以放射状沟或环状沟施肥方式施入三元复合肥（20-10-20）50~60千克，花后滴施水溶性配方肥10~15千克/亩，以20:10:10型为宜。果实膨大期结合滴灌施肥1~2次，每次滴施水溶性配方肥10~15千克/亩，以10:10:20型为宜。果实采收后，沿树盘开沟，每亩基施腐熟有机肥3000~4000千克。

（2）配套技术

1）枝条粉碎覆盖。修剪后的果树枝条用粉碎机粉碎后，将其均匀覆盖在树盘周围。每棵果树的覆盖量为45~60千克，覆盖厚度为2~3厘米，这样可减少蒸发和杂草，提高果实品质。

2）行间生草覆盖。先选择适宜的草种，可以利用天然草，也可以人工种植。人工种植采用的草种以多年生草为主。豆科有三叶草、矮化草木樨，禾本科有多年生黑麦草、狗尾草等。

3）施用保水剂。保水剂一般分为丙烯酰胺和淀粉-丙烯酸盐共聚交联物两类。前者使用寿命长，但吸水倍率低。第一年可适当多施，连年施用时应减少用量。后者吸水倍率高，但在土壤中蓄水保墒能力只有2年左右，可不考虑以往是否用过。

参考文献

[1] 李秀珍. 苹果科学施肥 [M]. 北京：金盾出版社，2014.

[2] 康伟伟，包增贵，宋子平. 苹果科学施肥技术 [M]. 北京：化学工业出版社，2016.

[3] 范伟国，杨洪强. 细说苹果园土肥水管理 [M]. 北京：中国农业出版社，2009.

[4] 唐梁楠，杨秀瑗. 苹果园土壤管理与节水灌溉技术 [M]. 北京：金盾出版社，1998.

[5] 胡想顺，董民. 无公害苹果高效栽培与管理 [M]. 北京：机械工业出版社，2015.

[6] 宋志伟，杨净云. 无公害果树配方施肥 [M]. 北京：化学工业出版社，2017.

[7] 宋志伟，等. 果树测土配方与营养套餐施肥技术 [M]. 北京：中国农业出版社，2016.

[8] 宋志伟，等. 农业节肥节药技术 [M]. 北京：中国农业出版社，2017.

[9] 宋志伟，邓忠. 果树水肥一体化实用技术 [M]. 北京：化学工业出版社，2018.

[10] 姜存仓. 果园测土配方施肥技术 [M]. 北京：化学工业出版社，2011.

[11] 同延安. 北方果树测土配方施肥技术 [M]. 北京：中国农业出版社，2011.

[12] 劳秀荣，杨守祥，韩燕来. 果园测土配方施肥技术 [M]. 北京：中国农业出版社，2008.

[13] 张昌爱，劳秀荣. 北方果树施肥手册 [M]. 北京：中国农业出版社，2016.

[14] 张洪昌，段继贤，王顺利. 果树施肥技术手册 [M]. 北京：中国农业出版社，2014.

[15] 新疆慧尔农业科技股份有限公司. 新疆主要农作物营养套餐施肥技术 [M]. 北京：中国农业科学技术出版社，2014.

[16] 张福锁，陈新平，陈清，等. 中国主要作物施肥指南 [M]. 北京：中国农业大学出版社，2009.

[17] 赵永志. 果树测土配方施肥技术理论与实践 [M]. 北京：中国农业科学技术出版社，2012.

[18] 中国化工学会化肥专业委员会，云南金星化工有限公司. 中国主要农作物

营养套餐施肥技术 [M]. 北京：中国农业科学技术出版社，2013.

[19] 袁景军，赵政阳，冯宝荣. 绿色无公害苹果六大生产原则与关键控制技术 [J]. 陕西农业科学，2004 (6)：91-94.

[20] 冯琛. 陕西苹果绿色施肥技术模式初探 [J]. 西北园艺（综合），2017 (6)：49-50.

[21] 武怀庆，白成云. 山西省苹果主产区果园营养现状及施肥建议 [J]. 山西农业科学，2005，33 (4)：63-65.